動物と話せるはじめてのアニマルコミュニケーション

愛するペットの気持ちがわかる

やさしい教科書

Animal Communication

＼ペットたちの「言葉」に気づきやさしくなる／

アニマルカウンセラー協会 代表

保井 敦史

Yasui Atsushi

B＆B出版

はじめに

「ああ、動物とお話ができたらなぁ」


そう思ったことはありませんか？

動物たちは、その表情や仕草、行動などで「喜び」「悲しみ」「怒り」など、私たちに多くの想いを伝えてくれています。

でも、態度や行動ではなく、言葉で理解ができれば、「もっと動物たちと仲良く過ごすことが出来るのに」そう感じはしないでしょうか？

一緒に生活するペットたちと「もっと分かり合いたい」「気持ちを知りたい」と感じるあなたに、想いだけではなく、「言葉でコミュニケーションをとる」方法であるアニマルコミュニケーションについてお話させていただこうと思います。

動物と話すのは誰にでもできる

はじめまして、アニマルカウンセラーあつしと申します。

お客様からご依頼をいただいて年間300匹以上の動物とお話させてもらい、現在70名以上生徒さんがいるアニマルコミュニケーションオンライン講座（半年間）で動物とお話する方法も教えています。

私には他の講座をされている方と大きく違う点があります。

それは講座の基礎に心理学を取り入れているということです。そして講座を受けた9割の生徒さんがペットと話せるようになり、最短3ヶ月でプロのアニマルコミュニケーターとしてお仕事にされている方もおられます。

さらに私は、柔道整復師という国家資格を持っており整体院を経営し、整体院の営業売上コンサルもしているので、そのノウハウを活かして卒業された生徒さんにお仕事支援もしています。

そういう実績があるので、最近では仕事にしたいと、お問合わせをいただくことが増えました。しっかり話せるようになるからこそ、その次の仕事が見えてくるのですね。

私を含め、ほとんどの生徒さんは、アニマルコミュニケーションを始める前は全く何の特別な能力（霊感など）も持っていませんでした。それどころか、私は初めて動物と話す人をテレビで見た時「そんなことあるものか。こんなのはデタラメだ」とさえ思っていました。それなのにいざやってみると見事にハマってしまったのです。それほど、このアニマルコミュニケーションには魅力があるのです。

動物とお話して、飼い主さんとペットにしか知らない情報を知った瞬間の、内から込み上げてくる感動は今でもココロに焼き付いています。

あの時の「本当に話せているのだ」という実感がなければ、ここまで続けていられなかったかもしれません。

飼い主さんから依頼を受けて、お話した直後にペットが懐くようになったり、ピタッとおしっこの失敗がなくなったり、飼い主さんや家族の性格を教えてくれたり、これまでほんとうに数えきれないキセキの体験をしてきました。

これは体験してみないと分からないことですので、一人でも多くの方に知っていただきたいと思いこの本を書きました。

次はあなたがこのキセキを味わう番です。

好きなことを仕事にしよう

私は大学を卒業して医療系の専門学校に入り、卒業して自分の整体院を開業し、7年が過ぎて、ずっと医療の道を歩んでいくものだと思っていました。

なぜかココロの中では「このままでいいのだろうか？　もっとやりがいのある仕事があるのではないか？」と思うようになっていました。

何かが足りない。

こんなことってありますよね。何かココロに穴が空いているかのような感覚でした。

ある日テレビを何となく見ていると、動物と話す女性が出ていました。現実的な性格の私は、もちろん最初は否定的な目で彼女を疑っていました。

しかし、どうしても気になって動物と話すアニマルコミュニケーションの本を何冊か買って読んでみました。そして、読めば読むほどその不思議な感覚にとりつかれていき、夢中になって練習するようになりました。

そして、いろいろ調べているうちに動物と話すセミナーがあることを知り、セミナーを受けた後、独学で勉強して自分なりのアニマルコミュニケーションができあがりました。

動物と話せば話すほど〝動物は本当に話すのだ〟ということが信じられるようになりました。と言うより、信じる以外に疑いようがなくなってきたのです。それほど多くの〝お話をしていないと説明のつかないこと〟が起こり始めていたのです。

毎日キセキが起こるこのお仕事ができて、私は幸せに思っています。

そして私だけでなく、生徒さん達とそのキセキを語り合えるようになったことで、私のぽっかり空いていた穴が埋まるようになりました。

やりたいことを、とにかくやってみる。

これはすごく勇気のいることですが、やっていなければ、いまだにモンモンとした人生を送ることになっていた筈です。ペットとお話してみたいというのは、もはや夢ではありません。近い未来には当たり前になっているかもしれません。

やりがいのある仕事を見つけようと思えば、まず好きなことを始めなければ何も変わりません。好きなことを仕事にするからこそ、人に伝わり広まるのだと思っています。最初の一歩を出すのはとても勇気のいることですが、思い切って一歩出せば思っていたほど大変でないことが分かります。

ぜひこの不思議な体験を味わってみてください。

ペットと話せるようになる意外な秘訣

それでは、なぜ私の講座を受けた生徒さんが9割もお話できるようになるかというと、実はペットと話すノウハウ以上に重要なヒケツがあるからです。

そのヒケツとは、自分に自信をつけるという心理学の基礎をしっかり学んでもらうことなのです。

「私は何をやってもできる！」と言い切れる圧倒的な自信を手に入れることができれば、ペットと話すことくらい簡単にできるようになります。ペットとお話できない人は、この自信をつける基礎をすっ飛ばしてノウハウばかりに目が行ってしまっているのです。

自分の夢を叶えようとしても、自分に自信をつけなければ「私には向いてないのだ」と、すぐに諦めてしまいます。すぐに諦めてしまうくらい自信がないなら夢を叶えることなんてできませんよね。

ここで、基礎がどれだけ大事かという、あるお話をします。

私の講座を学んで2か月目に、ある生徒さんが「先生、ほかの人はでき始めているのに私はまだ全然ペットとお話できないです。できる気がしません」と、悩みを打ち明けられたことがあります。

私はその生徒さんに「自信を持てば必ずできますよ」と、言い続けました。

すると生徒さんは毎日していた練習を一度ストップして、基礎を一からやり直す決意をされました。それから日に日に自信をつけられ、言葉も行動も前向きに変わり「できない」と、全く言わなくなりました。

そして不思議なことに、同じタイミングでペットとお話がスムーズにできるようになりました。お話ができるようになっただけではなく、4ヶ月目にはデビューしてお仕事にされるまで成長されました。

ついこの前までは、お話することさえできていなかったのにデビューされるとは夢にも思いませんでした。

その出来事を見て私は、自分を信じることこそがキセキを起こすのだと確信しました。

その生徒さんにペットと話す本当のコツを教えていただいたのだなと感じました。

それ以来ノウハウではなく、自分を信じるコツを一番大切なこととして生徒さんに教えています。だから9割もお話できるようになるのですね。

私はペットとお話するコツや情報をインスタグラムやＹｏｕＴｕｂｅに投稿しています。インスタグラムはフォロワー４０００人、ＹｏｕＴｕｂｅは登録者１０００人とそれほど多くはありませんが、どちらもありがたいことに毎週ライブをするといつも50名は見てくださいます。

「いつも楽しみにしています」と言っていただけることが嬉しくて、それがとても励みになっています。

私の講座に入られる生徒さんのほとんどが、ＹｏｕＴｕｂｅの〝教えて！　あつし先生〟を見て私を知ってくださる方で、生徒さんを募集すれば毎回満員になるようになりました。最近は自分のペットと話したいという方よりも、仕事にしたいと講座に申し込まれる方が急増していて、それほどアニマルコミュニケーションに興味を持っている方が増えて来ているのだと驚いています。

これからは動物やペットと話せる方が当たり前。

そんな時代が来ると本気で思っています。

そんな時代が来れば、もっと飼い主さんとペットの距離が近くなって、楽しい生活が送れるようになりますね。

目次

第１章

ペットの気持ちを知ってもっと仲良くなろう！

ペットは人と同じくらい話すことができる

どのくらいお話できる？

私が今までお話してきたペットたちは人間と同じくらいお話します。どのくらい話すかというと、さすがに大人と対等にお話できるほどではありません。

動物の種類や年齢にもよりますが、だいたい小学校低学年から中学年レベルといったところでしょうか。年齢によってお話してくれる内容が変わるのも面白いポイントです。

若いペットはどれだけいろんなお話をしようと思ってもトイレと食べ物の話になることがほとんどです。トイレは縄張りを作るためにペットにとっては死活問題となりますので特に大切にしてあげないといけません。

縄張りは食べ物を効率よく見つけ、敵から自分や仲間を守って安全に暮らすために、とても大切です。

逆に大人のペットは飼い主さんや周りのことをよく観察できるようになってくるので、

いろんな情報やアドバイスをもらうこともあります。

シニアのペットには、お話をするコツを聞いてもいいかもしれませんね。私もアニマルコミュニケーションのお仕事を始めたころは、よく「もっとカラダの力を抜けばいいいんだよ」「お話できる方が当たり前なのだからそんなに難しく考える必要ないよ」など、いろんなアドバイスをもらったものです。

ペットとお話をしていて、なぜお話できたと言い切れるのですか？　お話できた確信はいつ持てるのですか？　という質問をよくいただきます。

なぜお話できていると言えるかというと、ほかのペットちゃんとお話させていただいた内容を毎回飼い主さんに伝えることで答え合わせができているからです。

内容が外れていれば、飼い主さんが「違います」と言う筈ですよね。自分のペットと話しているだけではお話した内容が合っているのか間違っているのかいつまでも確信が持てません。

「お話できているかどうかが分かりません」という方の多くが、自分のペットとしかお話してなくて〝答え合わせ〟ができていない状況なのです。

自宅で勉強していても自分の実力がわからないから、学校で試験があるのと同じですね。しっかり点数となって現れるからこそ次の課題が見えてくるのです。外れるのが怖くていつまでも腕試しができなければ、そこから抜け出すことはできないのです。

その壁を超えるには〝少しの勇気〟が必要なだけなのです。

私の生徒さんには必ず生徒さん同士でペットを借りあって練習して、正解か不正解かわかるような質問をし「お話できているという確信が持てるようになるまで練習してください」とお伝えしています。

厳しく聞こえるかもしれませんが、これができないと〝ペットと話す〟という大きな壁を超えられないのでココロを鬼にして、そこは厳しめに言うようにしています。

私の講座では、Facebookで生徒さん同士がそれぞれのペットを借りて遠隔で練習しあっていますので、練習しようと思えば毎日でもできます。そこで合っているか外れているかがわかるので、毎回合っていればそれが確信になっていくのです。

好きな物や嫌いな物、飼い主さんの性格、何をしているのが楽しいのか、いつもいる場所など当たり外れがわかるような質問を必ず一つは聞いてもらっています。

こういう実践的な練習をしているからこそ、本当にペットと話せているのだ、という確信が持てるのですね。

ペットの声ってどう聞こえるの？

動物の話し方

「ワンワン！　ニャーニャー！」

ペットとお話するとは、この鳴き声が日本語になって聞こえること。私は最初そう思っていましたが、実はそうではありませんでした。

実はペットが本当にお話している時はおとなしくしていることがほとんどなのです。お話している間は、とても静かにこちらに耳を傾けて、真剣にお話を聞いてくれる子がほとんどです。

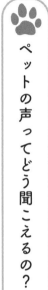

逆に吠えたり鳴いたりしている時は冷静にお話ができないので、落ち着くまで待ってからお話することがペットとお話する時に大切なことなのです。

人もペットも落ち着いて話をしないとちゃんとした冷静なお話はできません。人間の子供でもキャーキャー騒いでいる時に出ている言葉って動物の鳴き声に近いですよね。

ペットがお話する時の声ってどんな声だと思いますか？

ペットとお話していて、声が聞こえて来るとすれば、最初はどこかから脳に直接話しかけられているような聞こえ方がする筈です。

マンガやドラマでよくある「これはあなたの頭に直接語りかけています」のようなテレパシーを使ったコミュニケーションをテレビで見たことがあるのではないでしょうか。

テレパシーでの会話は、話しかけてきた子の声で聞こえてくると思われる方が多いですが、実際のところは最初自分の声として聞こえてくるのです。

私の多くの生徒さんが、ペットと初めて話せた時に〝自分の声で聞こえた〟と言います。だから最初、これは自分の頭で考えたこと？　それともペットの声？　と迷ってしまいます。

人には元々翻訳機が付いていて、ペットの言葉を通訳してくれます。最初はペットの声が自分の通訳機を通して自分の声として入ってくるのです。

ですが、続けていけば通訳機が成長し、ペットの本当の声をそのまま受け取れるようになります。

可愛い声や太い声、早口、おっとり。いろんな声が聞こえてくるようになるのですよ。面白いですよね。


私がお話して一番印象的だったのが、依頼をいただいてお話した、あるハムスターでした。その子はものすごく早口で忙しそうにしていて、私が今まで会った誰よりも早くて聞き取るだけでも大変でした。

もちろん個体によって速さは違うので、ハムスターが全て早口という訳ではありませんよ。

これは体験した人しかわからない世界ですが、この面白い動物の世界を一人でも多くの方に味わっていただきたいものです。

ペットとお話すると懐くようになる⁉

ペットも本当は甘えたい

これは本当によく起こることなのですが、ペットの飼い主さんから依頼をいただいてお話した後、飼い主さんから「あの日からすごく懐くようになりました」とか「性格がすごく穏やかになってあまり暴れなくなりました」と、嬉しい報告を受けることがあります。

これはペットと話す前には考えてもみなかったことなので最初はビックリしました。しかし私の生徒さんからもこの話はよく出るので、ペットはそれくらいお話することを嬉しく思っているのですね。

これは自分の気持ちを飼い主さんに伝えられることを、どれだけペットが待ち望んでいるのかが分かりますよね。「まさか人間とお話できる日が来るとは」という感動があるからこそ、その後に変化が出るのです。

「ずっと食べたかった物を食べられた」
「自分の好きな遊びを伝えられた」
「私の飼い主さんへの気持ちを言えた」
「飼い主さんの気持ちを知れた」

こういうことって人では当たり前になっていて、ペットもそうだということはあまり知られていません。

ペットもそうなのだと実感できたお話があります。

ある保護犬とお話した時のことです。
その子は一度飼い主さんに捨てられて施設に保護されていたそうです。そして新しい飼い主さんに引き取られましたが、ずっと部屋の端っこにいて懐いてくれず、飼い主さんが「本当に私が引き取ってよかったのか？」と困って、私にお話を聞いて欲しいと依頼がありました。

そしてそのワンちゃんとお話することになり会話していると、〝気持ちのすれ違い〟があると発覚しました。

それはなんと、そのワンちゃんも「この家にずっといてもいいのかな？」と、飼い主さんと同じ気持ちを持っていたのです。

ペットとお話ができないと、こういうすれ違いがよく起こります。

私たちも言いたいことが言えない日々が続けばストレスでイライラしますよね。それをわかってもらうために、ペットはいろいろな問題行動を起こしているのだと思います。

ペットのお話を聞いてあげることでペットのストレス解消にもなります。たまにはペットも言いたいこと言える時間が欲しいですよね。その相手が飼い主さんであればそれはもう最高の時間になることでしょう。

お話できないのには理由がある

なぜできないの？

「他で一度勉強したけど、お話できないのはなぜですか？」

アニマルコミュニケーションを勉強したができている気がしない、どうすればできているという実感が持てますか？　というような、他で習ったけどできなかったと言われる方の相談が3人に1人はおられます。

実は9割以上ができるようになる前に諦めてしまいます。

なぜそんなことが起こるのでしょう？

それは英語を話したくて本を読んで、英語教室に通ってもできない人と、非常に似ています。

できるようになる人と、できないで諦める人。

その違いをまず知らないといけません。

そういう私もお話できるようになるまでは、かなり苦労しました。ペットとお話できるようになるという夢を持って学んでいた時期があり、当時は同じ夢を持った主婦やサラリーマン、学生の仲間もたくさんいました。

しかし3ヶ月たっても誰もできずに仲間もどんどん減っていき、気づけば一人になっていました。それでも諦めず、一人でコツコツ練習を続けて半年が過ぎた頃、私の後輩に自分の家で飼っている猫とお話して欲しいと言われ、練習がてらお話させてもらうことになりました。

すると初めてスラスラ会話ができて、夢でも見ているのではないか？　と、自分を疑うほどでした。

その猫ちゃんは後輩のお父さんと繋がりが深いことやサンマが食べたいこと、歯磨き粉の臭いが嫌いなことなど、いろんなことを教えてくれました。その時点ではまだ自分でも確信が持てていませんでしたので、お話した内容をその後輩に伝えて、その返答をドキドキしながら待っていました。


何時間かして友達から驚いた様子で私に連絡がありました。

「すごいです！　全部当たっています！」

なんと好きなものや嫌いなもの、家族との関係性など、お話した内容全てが正解していたのです。その時の興奮は、今でも鮮明に頭に残っています。興奮し過ぎてその日は2時間しか眠れず、次の日の仕事中に何度も寝そうになってしまいました。


本当に動物とお話できるのだ！

諦めないでやり続けて本当によかった！

自分の中の疑いが確信に変わった瞬間でした。


その後、友達や知り合いにお願いしてペットとの練習を重ね、本格的にアニマルコミュニケーションを仕事にするようになりました。

最高で3ヶ月待ちになるほど口コミで人気が出て、アメリカやイギリス、オーストラリアからもご依頼を受けるほどになりました。

海外に行ってお話するの？　と思われた方もおられると思いますが、私のアニマルコミュニケーションの依頼はほとんどが会って話す（対面）のではなく、離れてお話できる方法（遠隔）を取り入れているので、これだけいろいろな世界のペットとお話できるのです。

外国語ができなくても自分自身に翻訳機がついているので、全世界の全ての動物と日本語でお話ができるのです。

そう思うと夢が広がりますよね。

今はSNSでいくらでも世界のペット達と繋がれる時代ですので、いろんな国のいろんな動物達とお話するのも夢ではありませんよ。

犬やネコ、馬、うさぎ、チンチラ、モルモット、ハムスター、インコ、オウム、ハリネズミなど、どんな動物とでもお話ができるので、人が知らないレアな情報を動物から教えてもらえるかもしれませんね。

こういうことがあるから、面白くて辞められなくなるのですね。

アニマルコミュニケーションは誰にでもできる

「私にもできた」その方法

お話できた生徒さん全員が、もともと何か特別な能力を持っていたのでしょう？
そう思われる方がたくさんおられますが、それは違います。

生まれつき動物と話せる人や、ある日突然動物と話せるようになった人も中にはいるかもしれませんが、特に私はなんの霊感もなく、幽霊を見ることや感じることすらなくこれまで生きてきました。
それだけではなく、このお仕事をするまでは目で見えて証明できないことは信じない〝超〟現実的なタイプの人間でした。しかしアニマルコミュニケーションと出会い勉強を進めていくと、実は全ての人が動物とお話できる能力を、もともと持っていると知りました。

動物とお話できるようになったからといって、幽霊の声が聞こえてきたり、寝ていても勝手にペットの声が聞こえてきたり、ということは決してありません。

ペットに意識を向けて自分がお話したい時だけできるので安心してください。

ペットも飼い主さんとお話することをココロ待ちにしているので、ぜひ話しかけてあげてくださいね。

ペットとお話するには特別な能力を新しく身につける訳ではなく、今弱ってしまっている〝もともと持っている能力〟を思い出して感覚を磨くことの繰り返しで、できるようになります。

例えるなら、英語よりも簡単な語学と言えば分かりやすいかと思います。

英語は新しく言葉を覚えなければいけませんが、アニマルコミュニケーションは日本語を使えるので英語よりも早く身につけることができます。

私の生徒さんは、平均して3カ月でペットと話せるようになっているので、英語を話せるようになる方がよっぽど長い時間がかかりますよね。世界一簡単な語学と言っても言い過ぎではないかと思います。

さあ、ペットとお話しよう

誰でも話せるようになる

私がこの本を書こうと思ったきっかけは自分がお話できなくて悩んでいた時に、教科書のような分かりやすい本はないのかな？　と、ずっと探していて、ないなら作ってしまえと思ったからです。

なぜできないのか？　どうすればできるようになるのか？　それを書いてある本がどこを探してもありませんでした。

ないなら自分で考えてやるしかありません。

いろいろ試していたのでずいぶん遠回りしましたが、失敗を繰り返して諦めずに続けることで、ムダのない最短でペットとお話できる方法が見つかりました。

【なぜできないのか？】
【どうやったらできるようになるのか？】
を、こと細かにお伝えしていこうと思います。

最初はできない方が当たり前なので、すぐできると期待し、いざやってみてできないから諦めてしまうことが本当にもったいないので、最初はできたらラッキー！　と思ってやってみてください。

私が動物とお話した内容は正直、私とその動物にしか分かりません。そんな読み手が分からないクセのある内容はできるだけ抜きにして、なぜできるようになるのか？　なぜできないのか？　を徹底的に追い求めた教科書のような本を目指しました。
最短でお話できるようになるコツや、してはいけないことが分かるので、最後には「だからできるのか！」となっている筈ですよ。

1ページ1ページ楽しみながら、読み進めてみてください。

第２章

アニマルコミュニケーションの基本

ペットと話せる仕組み

日本語が話せればペットとも話せる

アニマルコミュニケーションは世界一簡単な語学と言われています。英語を話そうと思えばどれだけ勉強しても2、3年かそれ以上はかかりますよね。ペットと話すために本気で勉強すれば早い人で3ヶ月あればお話できるようになると、1章でお伝えしました。

どうやってペットとお話しているのかと言うと〝テレパシー〟という電波のようなものを使います。

電話番号があれば特定の人に電話できるのは電波の周波数を合わせるからなのですが、テレパシーも同じで、動物（人間含め）はテレパシーを受けたり送ったりできる装置がもともと付いています。

動物はそれを使って日々やりとりしているので、一瞬でケンカしたり仲良くなったりする訳ですね。

エサの情報や敵の情報をテレパシーでシェアし合ったりもしているので、小鳥や魚の群れが、まるで1匹の個体のように芸術的な団体行動ができるのです。たまにぶつかったりしないの？　と思うことがありますが、あれは団体行動する動物特有のテレパシーなのでしょうね。

ペットは飼い主さんが悲しんでいる時にそっと寄り添ってくれたり、エサをあげようと思ったら急にソワソワし出したりすることがあります。飼い主さんの感情を先にテレパシーで感じ取っているからできることなのです。

私たち人間も受け取れている筈ですが、普段使っていない感覚なので鈍感になっているのです。テレパシーを使うより口で伝えた方が簡単で的確に伝わるので、テレパシーは使わなくなってしまってその能力が低下してしまったのですね。

練習して低下していた能力が敏感に察知できるようになれば、誰でも受け取れるようになるということですね。

人間は言葉を使ってお話しますが、ペットとはテレパシー（電波）を使ってお話するということを覚えておいてくださいね。

実は私たち人間もテレパシーを使っていた時代があります。

今から5万年ほど前に言葉が生まれたと言われているのですが、それまではテレパシーを使って情報交換をしていたのではないかと私は考えています。

なぜテレパシーではなく言葉が必要になったのか？

それは先ほども言ったように、言葉の方がテレパシーよりも優れているところが多く、確実に伝えられるからです。

言葉は録音したり他の人に聞いてもらったりして証拠にしたり残したりできますが、テレパシーは感覚なので残すことも他の人が聞くこともできません。人間は言葉を得たからテレパシー能力を失ったのです。

今の世の中には必要ではなくなってしまったのでしょうね。

言葉は他の動物からすると、ものすごく便利な能力です。ないものねだりでテレパシーがすごいと勘違いしてしまいますが、言葉は人間だけが使える特別な力なのだと言うことですね。

動物は自分で選んで生まれてくる

野生動物とペットの違い

「子供は親を選べない」とはよく言うものですよね。

ほとんどの人は自分が選んで生まれて来たとは考えませんが、アニマルコミュニケーションをされている方なら、ペットが「自分で選んで飼い主の元へやってきた」と言うことを耳にタコができるくらい何回も聞くので、動物はみんな〝自分で選んで〟生まれてくることを知っています。

野生動物は野生を選んで、ペットは人間と一緒に過ごすために生まれて来ています。野生動物は基本、人に懐きません。なぜなら人に興味があるならペットとして生まれて来ている筈だからです。

野生動物とペットの違いが分かったのは、ペットとお話できるようになる前に練習として動物園に行っていろんな動物と喋った時からでした。

ゾウやライオン、ワニ、シマウマ、ペンギン、カピバラ、アヒルなどいろいろな動物とお話して、元々野生で生まれて連れて来られた子と、そこで生まれた子の差があることが分かりました。

野生で生まれた動物は、人にそもそも興味がないので人がいない森の奥などを選び、動物園で生まれた動物は人と学び合うためにやって来ているのです。

残念なことに同じ動物園にいても、連れて来られた動物とお話するとその大多数は「元いた場所に帰りたい」と話していました。人と接するために生まれて来たのではないのですから当然と言えば当然ですよね。

野生の動物が動物園に連れて来られて悲しんでいると知った時、私は驚きを隠せませんでした。それまでは動物園は純粋に楽しむところだと思っていたので、動物がどう思っているかなんて考えもしませんでした。

でもよく考えれば、もし自分の家族がどこかに閉じ込められていて、つらい思いをしているとすれば、何とかそこから帰してあげたいと思いますよね。

人間が他の動物に捕まえられてオリに入れられ、見せ物になることを考えれば、そのつらさは想像をはるかに超えるのではないでしょうか。


人間は平気で動物の自由を奪ってしまっている。

それを知っておくだけでも、これから自分に何かできることはないのだろうか？　と、考える良いきっかけになるのではないかと思っています。


私の場合、その事実を知ったからには、そこから目を逸らす訳にはいかず、それ以来保護動物のボランティア活動に参加するようになりました。

参加して分かったことは、一人では何もできないこと。

だから一人でも多くの方に知ってもらいたいと思うようになりました。

少しでも多くの動物たちが楽に生きられる環境になってくれればとココロから願っています。

本来ならば自由に生活できている筈の野生動物を狭いオリに入れて人間が楽しむ姿は動物からすれば許せない行為でしょう。

だからと言って動物園は反対！　と言っている訳ではありません。人間が動物を研究し、絶滅しないように管理する上で必要だから存在しているので批判はしませんが、せめて何年かしたら前いた場所に帰してあげるようになれば動物も少しは救われるのではないかと思います。

今よりも、もっと動物の意見を聞いてあげられるような世界になれば、動物がより暮らしやすくなり、人間と動物の深いキズナが生まれます。

動物と話せる人がもっと増えれば悲しんでいる動物の気持ちが分かるので、動物と人間が本当の意味で仲良く暮らせる世の中になる筈ですよね。

動物とお話するメリット

ペットの気持ちを知って仲良くなる

動物とお話できればきっと人生楽しくなる！　そう思われる方もおられると思います。もちろんそれもあるのですが、実は動物とお話できるようになると本当の世界（動物から見た世界）を知ることができます。

私たちは、たくさんある人間社会のルールの中で生活しています。例えば、挨拶や人への思いやり、法律に従う、他人に迷惑をかけない、嫌なことがあっても人を噛んではいけない、動物なら嫌な時に相手を噛むのは当たり前のルールですよね。

人と動物はそれだけルールが違うのです。

人間は、人間社会のルールを守って生きてさえいれば誰とも問題を起こすことなく快適に過ごすことができます。

人間社会のルールの中では、ペットは人間に合わせなければ、嫌われて生き残っていけません。気に入らないことがあったらすぐ噛みつく。そんなことをしていたら、当然人間に可愛がってもらえませんよね。

しかし動物には、人間にはない動物のルールがあります。

縄張りに入ればケンカをするのが当たり前。

強い者が勝つ、弱い者は去る、エサは早く食べたもの勝ち、嫌なことがあれば吠える、噛みつくことで相手に嫌だと伝える。

人間とは全く違うルールを持っているので、ペットは人の生活に合わせるため日々学んでいかなければいけません。

ペットとお話していくとその大変さがよく分かります。

人が何で怒り、何をすると喜ぶのか？

それを知るために、いつも私達をじっと見て観察しているのですね。

私たちはたくさんある人間社会のルールの中で生きることに必死で、ペットが人に合わせて生活することが当たり前になっています。人も生きていくのに必死なのでペットの気持ちを分かる余裕もなくて当然です。

ただ、ペットとお話したいのであれば、ペットの気持ちをまず分かってあげようとするココロ構えが必要です。人は何かあれば、すぐに話しかけたり、注意しようとしたりしてしまいますが、その前に分かろうとしてあげてください。

まず一度ペットがどう思っているのか考えてみましょう。
ペットの話を聞くと言うことは自分の考えをまず捨てないといけません。
最初は慣れるまで難しいと思うかもしれませんが、やれば勝手に信頼関係ができ上がるので、お話できるだけでなく動物だけではなく、人からも好かれるようになるのでぜひお試しください。

あなたの周りに話を聞いて欲しい時に自分の意見ばかり言ってくる人はいませんか？話を聞いて、ただ頷いて「分かるよ」と言ってもらいたい時ってありますよね。

ペットも同じで、嫌いな人に話を聞いてもらおうとは思いません。人間と同じで、自分のことを分かってくれる人を求めているのですね。


素直にペットの声を聞こうとすれば、いろんなことを話してくれます。

何をするのが好きか、どうすれば快適に過ごせるのか、前世や死後の世界、何をするためにやって来たのか、飼い主さんの性格など。まだまだありますが、ペットの面白い世界が分かるようになります。

人間目線の狭い世界から動物目線の広い世界を体験できるようになりギスギスした人間関係から離れるきっかけになるかも知れませんね。今までなぜこんなことで悩んでいたのだろう？　と気付くことがたくさん出てくること間違いなしです。

動物のことが理解できるようになって初めてペットの気持ちが分かり、ペットと話が合うようになるのですね。

話が合わない人とは話をしたくない。
誰だってそうですよね。
話せるようになると今まで以上にペットが懐くようになります。それはペットがこの人は私の気持ちを分かってくれると感じるからです。

分かってあげること。

これはペットとお話する前に必ずできるようになって欲しいことです。これができれば職場や家族との人間関係も良くなるのでぜひやってみてください。

ペットに気持ちを伝える方法

伝えるだけなら超簡単！

ペットとお話すると聞くとすごく大変そうに聞こえますが、聞く、伝える、この2つができれば完成！　と思えば簡単ですね。

最初にやって欲しいことがあります。
それは伝えてみること。
なぜかと言うと、聞くよりも圧倒的に伝える方が簡単だからです。

なぜそう言い切れるかというと、まだペットの声が聞こえないと言う生徒さんでも、思いを伝えたらペットの行動が変わった、と驚かれる方がたくさんおられるからです。
声が聞こえてこなくても、ペットの行動が変わればそれで伝わったかどうかを確認することができますよね。
例えば、毎日愛していると伝えたら、その日から懐くようになった、トイレの失敗をしなくなった、ご飯を食べるようになったなど、今まで数多くのエピソードをいただきました。

伝えてすぐペットの行動が変われば思いが通じたのだな、と誰でも感じる筈です。時間がかかる場合もありますが、ぜひ一度やって体験してみてください。キセキが目の前で起こるかもしれませんよ。

それでは実際にやってみましょう！

★ペットが目の前にいる場合

①目を閉じて深呼吸する（鼻でも口でも呼吸しやすい方で）
②ペットの名前を3回呼ぶ（声に出さないでココロの中で）
③ココロの中で伝える（声に出さないで）

ついつい私たちは伝えたいことを声に出してしまいますが、ペットの基本的な会話はテレパシーです。日本語はペットには外国語のように聞こえていて難しすぎて、全部は理解できません。ペットに合わせて、声に出さないで想いを伝えるようにしてみてくださいね。

〝絶対伝わっている〟のでそれを信じてやってみてください。

★ペットが目の前にいない場合（どれだけ離れていても大丈夫）

①目を閉じて深呼吸（ゆっくりゆったりと）
②ペットの顔を思い浮かべる（思い出しにくいなら写真や写メを見る）
③ペットの名前を３回呼ぶ（ココロの中で）
④ペットの気配を感じようとする（何となくでも大丈夫）
⑤ココロの中で伝える（言葉に出さないで）

最初はペットが目の前にいる方がやりやすいので、同じ部屋にペットがいる状態でやってみてください。慣れれば旅行や出張で家にいない時に、家でお留守番しているペットに話しかけてみてください。寂しがっているペットを、少しでも安心させてあげることになりますからね。

外出する時にも「待っていてね。すぐ帰ってくるからね。愛しているよ。大好きだよ。いつも有難う」と、ココロを込めてペットに伝えてあげるのもオススメです。

注意点

人もそうですが、やめて欲しいことや、やって欲しいことなど一方的なお願いをしないように気をつけてください。トイレの失敗や噛みつきなど何か理由があってやっている場合が多いので、お願いする代わりに感謝の気持ちや愛の言葉を伝えてみてはいかがでしょうか。

きっとペットもその気持ちに気付いて、さらにキズナが深まることでしょう。

ペットの会話

ペットから送られてくる情報とは？

ペットとのコミュニケーションは人間のように言葉だけではありません。いろんな情報を送れるという私が体験したお話をしますね。

私が動物とお話する練習をしていた頃、いつものように自宅で飼っているウサギさん相手に練習していました。ココロを静めてウサギさんに話しかけていると、いきなりココロの中で声が聞こえてきました。

「私は前世では犬だったの。昔一緒に暮らしていた経験があるよ」
「この家にやって来た理由はあなたがペットとお話するお手伝いをしに来たの」

と話してくれました。

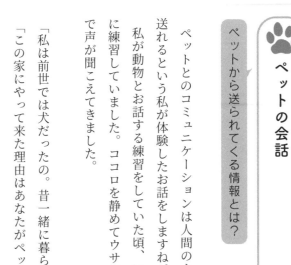

その他にも前世の記憶の画像や暖かく楽しかったという感覚も送ってくれました。
これがペットとの会話なのかと初めはびっくりしました。声だけではなく、画像や動画、感情まで送ってきてくれるのですね。

ペットとの会話はココロの中での会話になるので耳で聞くようなはっきりとした声というより、自分の中で独り言をいうような声だと思ってもらえれば分かりやすいかと思います。

例えば
「今日のご飯は何にしようかしら？　そうだ、カレーにしよう」
このような自問自答しているような声でペットとの会話が進みます。

次に、ある猫ちゃんとお話した時のお話をします。
依頼を受けてその猫ちゃんとお話していて、私が「お気に入りの場所はどこ？」と聞くと猫ちゃんは「着いて来て」と言いました。
私はそれが初めての経験だったのでびっくりしましたが、素直に猫ちゃんの後ろを着いて行くとお気に入りの場所まで連れて行ってくれたようで、その映像が私の目の前に広がりました。そこは和風なお部屋で柱の近くにお気に入りの場所がありました。口で説明するより見た方が早いということだったのでしょうね。

猫ちゃんとの会話が終わり、それを飼い主さんに伝えると

「いつも柱の近くで寝ています！」

と飼い主さんも驚かれていました。こんなことも起こるのだなと、なんとも不思議な体験をさせていただきました。

後日談になりますが、その猫ちゃんとお話した後、なぜか必ず外していたトイレを全く外さなくなったと喜びのメールをいただきました。

ペットも話をして自分のことを知って、分かってもらいたいと思っているのです。

今考えると、その猫ちゃんも自分のお気に入りの場所を聞かれて嬉しかったので連れて行ってくれたのでしょうね。

最初は分からなくてもいいので、毎日話しかけて聞いてあげるようにしてみてください。それだけでトイレの失敗のような問題行動がなくなるかもしれませんよ。

ペットはいろんな情報を送ってくれるので、その準備ができていないと見逃してしまうことがあるのでしっかり集中して聞いてください。

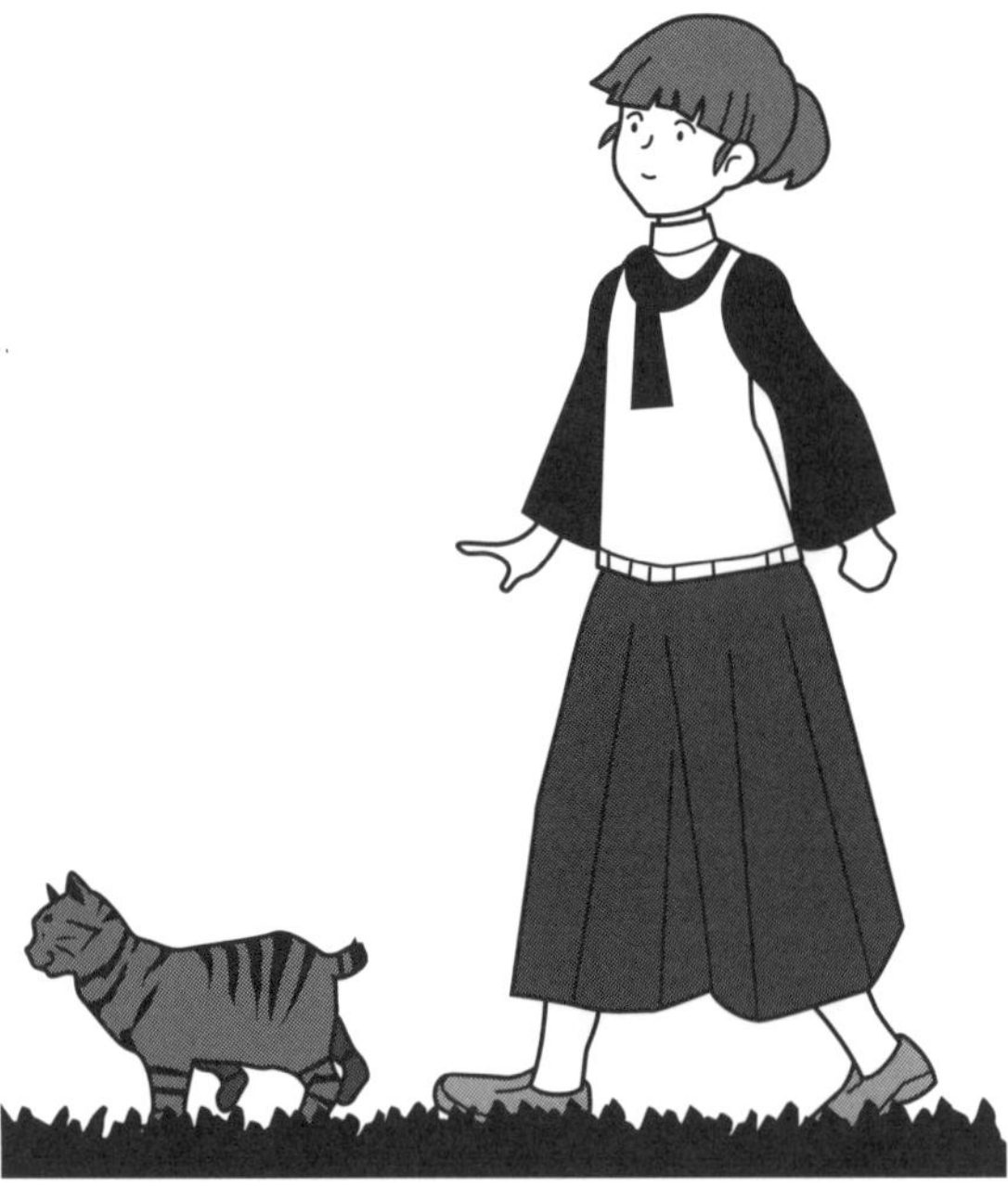

第3章

誰でも話せるようになるための練習方法

ペットと話す前の準備をしよう

質問力を身につけて信頼を勝ち取る

ペットとお話する時にココロがけていただきたいことが2つあります。

1つ目はとにかくココロを落ち着かすこと。イライラしたり、急いでいたり、悲しんでいたり、感情が強く出ていると、思い込みで話が進んでしまいます。

最初は外れることが多いのですが、ほとんど気分が不安定になっているから起こることなのです。

「本当にできるのだろうか?」

「これで合っているのかな?」

こういう疑いを持ちながらするとほとんど成功しません。まずはココロの底から信じてから行うようにしてください。

ココロが不安定な場合は、一度リラックスして余計なことを考えないでいいような状態になってからお話してください。

2つ目は話すより聞く方を大切にすること。聞くが8割、話すが2割。このくらいの割合でちょうどいいです。

最初はお話したいという気持ちが強いので、いろんなことを言いたくなるのは当然のことです。でも、ペットは人と生活していて自分の言いたいことを聞いてもらえることは、ほとんどありません。飼い主さんから言いたいことを言われるばかりの生活です。だからこそ、お話できるようになればしっかり話を聞いてあげるようにして欲しいのです。

ペットがお話したいという気持ちを受け入れてあげれば、さらに飼い主さんのことを好きになるに決まっていますよね。

聞くと言ってもまずは質問しないと何も聞かせてもらえません。人もペットも話すことより聞いてあげることで信頼を得られます。まずは〝質問力〟をつけましょう！

質問力が上がれば上がるほどペットからも人からも好かれるようになります。

では、どんな質問をすればいいのか一緒に勉強していきましょう。

質問力がないと、例えば小さい子供などは「これ何？　あれ何？　なんで？　どこいくの？　どうやってするの？」と、終わりの見えない質問ばかりで疲れますね。考えるのは案外エネルギーを使います。

最初は〝できるだけ答えやすい質問〟をしてあげることを意識してください。

例えば「元気？　今大丈夫？　これとこれどっちがいい？」のような考えるエネルギーをできるだけ消費させない簡単な質問をココロがけてください。

逆に、なに？　いつ？　だれ？　なぜ？　どこ？　どうやって？　このような答えにくい質問をいきなりするのは質問力が低いからと思ってください。

質問する時は、【相手に時間を取っていただいている】ということを頭に入れおいてください。質問する時は相手に教えてもらっている、ということを忘れないでくださいね。

この質問をしたら相手はどう思うのか？　を考えるクセがつけばすぐに質問力がつくので、日々の暮らしでココロがけるようにしてみてください。

では準備が終わったところで実際に私がやっている練習方法を一緒にやっていきましょう。

ペットと話す方法

ココロを落ち着けてペットと繋がる

ペットとつながる方法は〝瞑想〟を使います。瞑想と聞くと難しそう。と思われがちですが、実際はそうでもありません。目を閉じて深呼吸すればそれが瞑想です。

目を閉じる＋深呼吸＝瞑想

と、考えれば簡単ですよね。

普通は目を閉じる時は寝る時ですが、寝ないで目を閉じておくことは練習しないとできません。私の生徒さんからも「目を閉じて、瞑想をしているとすぐに眠くなります。どうすれば眠くなりませんか？」と質問されることがよくあります。それは、人間はみんな目を閉じる＝寝るになっているからです。

私たちは寝るという行為を今まで何千回、何万回としているので目を閉じれば自然と寝るという習慣がカラダに染み込んでいます。だから、瞑想の練習を毎日することで

目を閉じる＝ココロを静める（瞑想）

という習慣ができ上がるのです。


こればっかりは習慣にしないとできるようになりませんが、それほど難しいことではありません。

最初は短い時間でいいので毎日続けていれば誰でもできるようになります。ただ、寝不足の場合は、私でもたまにこっくり居眠りしかけてしまう時があるので睡眠時間は普段からしっかり取っておいてくださいね。

時間がある時に目を閉じて深呼吸することを習慣にしてください。寝転んでやるとすぐに寝てしまうので、座って楽な体勢でやってくださいね。

次に、瞑想の方法を紹介します。

【グラウンディング】

これは地に足をついて生きるという意味で、地球の中心とつながってココロのバランスを整えるという、瞑想の方法です。

マンガやゲームと言えばバーチャルで非現実的な世界ですよね。現実は楽しいことばかりではないので最近はそういう仮想的な世界にハマってしまう方が多いように感じています。つらい現実を突きつけられると逃げたくなる気持ちはわからなくもありません。少しならいいと思いますが、あまりに長くバーチャルの世界にいると現実の世界を感じられなくなり、地に足がつかない状態になってしまいます。

そうなればココロのバランスが崩れてしまうので、すぐにイライラしたり、焦ったりしてしまいます。そういう方にはグラウンディングすることをオススメしています。

イライラした時にグラウンディングをすれば今に集中できてココロが静まります。すぐにとはいきませんが、まずは10分を目安にやってみてください。

私はペットとお話する前に、まずグラウンディングをしてココロを静めます。今この瞬間に集中して、ペットと同じ感覚になることで周波数が合いお話できるようになります。

ペットは今この瞬間に生きている動物ですが、私たち人間は過去、現在、未来に生きている動物です。過去の失敗を未来に活かすために今を生きる、そんな存在ですので、今に集中してペットと同じ世界に行くことでお話できるということなのですね。

グラウンディングで自分の中の負の感情や余計な考えを捨てることもできるのでその方法も後で紹介していきます。

★グラウンディングの効果

- ココロが安定する（過去の嫌なできことや未来の不安がなくなる）
- 集中力が上がる（余計なことを考えないで今に集中できるようになる）
- いろんな能力が開花する（動物と話す、自分の内なる声を聞く、ヒーリングなどのスピリチュアルな能力）

他にも決断力や判断力、発言力が上がる、達成感や充実感を感じるなどいろんな効果があるのでぜひ一度試してみてください。

グラウンディングにあまり多くを望みすぎると「なんだ、なにも変わらないじゃないか」と、効果が薄く感じてすぐ辞めてしまう方もおられるので、望みすぎず「今日はどんな感覚になるかな？」と楽しんでやってください。それが長続きさせるコツですよ。

グラウンディングのやり方

まずはこれを準備しましょう。

・静かな空間（できるだけ）
・リラックスしたココロで（不安や不満を持たないように）
・楽な体勢でイスやソファーに座る（どこかが痛いと気になって集中できない）

これができればカラダの力をスーッと抜いてゆっくり軽く深呼吸します。

※息の吸い方、吐き方はあなたの楽な方法でやってください。

①手は膝の上に置き、足の裏はしっかり地面につけてください。
②頭にある意識を喉から胸を通り、おなか、おしりまでゆっくり下におろしていきます。
③おしりから木の根っこやコードが出るとイメージし、それが伸びてイスを通り地面をこえ、土を抜けてどんどん加速しながら地球の中心まで一気に意識を落としていきます。

④地球の中心まで行けばコンセントにプラグを繋げるようにしっかり繋がるイメージをしてください。（繋がるイメージであればどんなイメージでも大丈夫）自分は今地球の中心にいて、深く繋がっていると感じてください。

⑤地球の中心に繋がれば、白く光り輝く何かが見えるかもしれませんし、黄金に輝く光に包まれるかもしれません。何が見えるのか？　聞こえるのか？　どんな匂いがするのか？　を感じてください。

⑥しばらくいろんな感覚を楽しんだ後、来た道を戻って行きます。土を通り、おしり、おなか、胸、喉、頭まで戻ってくれば目を開けてください。

いざやってみるとこんな疑問が浮かんで来る筈です。

・行けたのかどうかが分からない
・真っ暗でなにも見えない
・できている感じがしない

「本当にできるのかな？」と不安になるかもしれませんが、心配しないでください。最初はみんなここを通ります。誰だっていきなりはできません。一回でいろんなことを感じる方もおられますし、全然分からない方もおられます。

しかし、ずっと練習を繰り返し、できなかった人は今まで1人もおられません。何回も〝できるまで〟練習してみてください。

それでもできないという方は、行けたのだと思い込んでそのまま練習し続けてください。続けていればわかって来ます。自分の感覚を信じてぜひやり続けてください。

★グラウンディングで負の感情を捨て去る方法

① 楽な姿勢で目を閉じて深呼吸

② 手は膝の上に置き、足の裏はしっかり地面につけてください。

③ 頭にある意識をのどからむねを通り、おなか、おしりまでゆっくり下におろしていきます。

④ おしりから木の根っこやコードが出るとイメージし、それが伸びてイスを通り

地面をこえ、土を抜けてどんどん加速しながら地球の中心まで一気に意識を落としていきます。

⑤地球の中心まで行けばコンセントにプラグを繋げるようにしっかり繋がるイメージをしてください。

⑥地球の中心まで繋がれば、今日起きた嫌なことや、漠然とした未来への不安を地球の中心に向かってどんどん捨てていきましょう。まだスッキリしないなら、スッキリするまで捨て切ってください。

地球の中心はどんな負のエネルギーも一瞬で浄化してしまうほどの強力なエネルギーでいっぱいです。ペットとお話する前にそこに自分の負の感情を捨ててしまいましょう！

地球の中心と繋がれば、

・できないかもしれないという焦りや不安
・みんなはできているのに私はできないという劣等感
・過去の失敗体験や嫌な思い出

こういう、負と思ったものを全て流してしまうことができます。負のエネルギーがなくなればプラスのエネルギーで自分が満たされます。

その状態を維持することこそがペットとお話できる状態なのですね。ここにペットを呼び出してお話するのも一つの方法です。

【ゼロポジション】

これは私が考え出した、瞑想の方法でココロの状態をプラスでもなくマイナスでもないゼロの状態に持っていく方法です。

ゼロポジションにペットを呼び出してお話する方法は、私の講座で教える基本になっています。

★やり方

①まずはペットを思い出した時や感動した時にココロが暖かくなる場所を見つけてください。だいたい胸のあたりや、へその上になるのではないでしょうか？

②場所が決まれば、普段は頭に意識が向いているのでグラウンディングと同じ

ように喉を通りゼロポジションまで下へと意識をおろしていきます。

③ゼロポジションまで来れば目の前に扉を出します。その扉を開けると光に包まれた空間が広がります。そこに自分の好きな理想の空間を作り上げて行きます。

例えば、私のゼロポジションを説明させていただくと、草原が広がっていて、目の前には大きな木があります。下は芝生で、左には海が見えて空はカモメが飛んでいます。右には草原が広がり、前には森が広がっていて、そこから呼び出した動物がやってくるというイメージをしています。

ゼロポジションは誰も入れない自分だけの完全プライベート空間ですので、そこでゆっくり過ごすのもいいでしょうね。

最初は簡単な草原のイメージをしてください。

イメージが湧かないのであれば一度ネットで〝草原の画像〟を探してみてください。

草原のイメージができれば、明るい緑のじゅうたんに自分のお気に入りのソファーやイスを置いてくつろいでください。

見上げれば青い空や白い雲、太陽が気持ちの良いくらいに自分を照らしてくれています。風も心地よく流れていて、足を踏みしめた時の足元の草の感触も感じてみてください。

ここまでできれば目の前にペットを呼び出してお話しします。

簡単に聞こえますが、最初は目を閉じてイメージしても真っ暗な筈ですので、焦らずにゆっくり何回も練習してください。目で見えているようなイメージを求めず、何となくできている気がする程度で始めてもらうことをオススメします。

動画を見ながら
瞑想を練習！

イメージ力（視覚）の鍛え方

ペットからの情報を受け取りやすくする方法

イメージ力とは想像力のことで、この力が弱いとせっかくペットがいろんな画像や動画を送って来てくれても受け取ることができません。イメージ力がつけば、ペットからの情報を受け取りやすくなるだけではなく、夢が叶いやすくなるというメリットもあります。

いつも理想の自分をイメージできるようになれば、脳が勝手に〝もう叶った〟と思い込んでくれるのですね。

一流のプロスポーツ選手などもイメージトレーニングをすることでパフォーマンスを上げています。

陸上10種競技で日本王座に輝いたテレビでおなじみの武井壮さんも、試合前に実際の動きをこと前に〝細かく〟イメージして、試合が始まればそれを意識しながら走るのだとおっしゃっていました。

試合の前に最高のプレイができた自分を明確にイメージしてから本番に挑むからこそ安定的に成果を出せるのですね。普段から〝未来の最高の自分〟をイメージできていれば最高の自分になれる確率がグンと上がるということですね。

ペットからのいろんな情報を受け取れるだけでなく、そういうことがプラスでついて来ると思えばやる価値はありますよね。

★やり方

まずはリンゴを用意してください。

リンゴがなければリンゴの画像をネットで探してみてください。リンゴでなくても、他の果物や自分がこれだと思う物でもかまいません。

そして、目の前のリンゴのイメージを目に焼きつけます。次に目を閉じて〝ココロの目〟でリンゴをイメージします。

目を閉じているので当然目の前は真っ暗だと思いますが、なんとなく目の前にリンゴがあるな、くらいの感覚で始めてください。

初めから完璧は求めず、〝なんとなく〟を大切にすればきっと上手くできるようになります。

分からなければ目を開けてもう一度リンゴを見直して何回かやってみてください。

これを練習していけば、リンゴがなくても目を閉じればリアルなリンゴをイメージできるようになります。それができるようになれば、みかんやバナナでチャレンジしてもらって、それもできるようになれば理想の自分をイメージして遊んでみてください。

そうなればペットとお話ができるだけではなく、きっとあなたの夢も叶いやすくなっている筈です。

五感（感覚）を使って第六感（シックスセンス）を磨く

直感の鍛え方

第六感とは視覚、聴覚、触覚、味覚、嗅覚の五感以外の直感や霊感のことを言います。一言で言うと〝不思議な力〟と思ってもらえればいいですね。

ペットとお話する能力はこの第六感を使うのですが、実はこの第六感は、鍛えれば鍛えるほど強くなっていくものなのです。

では、どうすれば鍛えられるのかを今からお伝えして行きます。簡単に言えば、五感を鍛えれば第六感も鍛えられる、というのが私の考え方です。先ほどリンゴのイメージの練習方法をお伝えしましたが、これを応用すると五感全てを鍛えることができます。

やり続けると分かることですが、直感力が磨かれると、閃きが多くなったり自分のやりたいことが見つかったりするので一度ではなく、何回もやることをオススメします。

★やり方

先ほどは目を閉じてリンゴをイメージしていただきましたが、次はリンゴ畑をイメージしてください。
自分はリンゴ畑の中にいて、目の前にリンゴの木が何本も生えています。
耳をすませば小鳥の声が聞こえて来ます（聴覚）
そしてリンゴの木からリンゴを一つ取って感触を確かめてください（触覚）
そのままリンゴの匂いを嗅いで（嗅覚）
食べて（味覚）
酸っぱいのか？　甘いのか？　どんな味がするのか感じてみてください。

これが五感を使った第六感の鍛え方です。第六感は目を閉じると感じやすいものなので、ぜひ一度目を閉じて何かをイメージしてみてください。毎日少しの時間でいいのでイメージして遊んでみてください。
実際にこういう遊びを小さい頃からしている私の生徒さんは、第六感が強くなっているので動物から送られて来るイメージを映像としてはっきり見ることができるのですよ。

ペットが送る映像が見えない人は視覚を。

声が聞こえない人は聴覚を多めに練習してみてください。

そうすることで苦手意識がなくなる筈です。

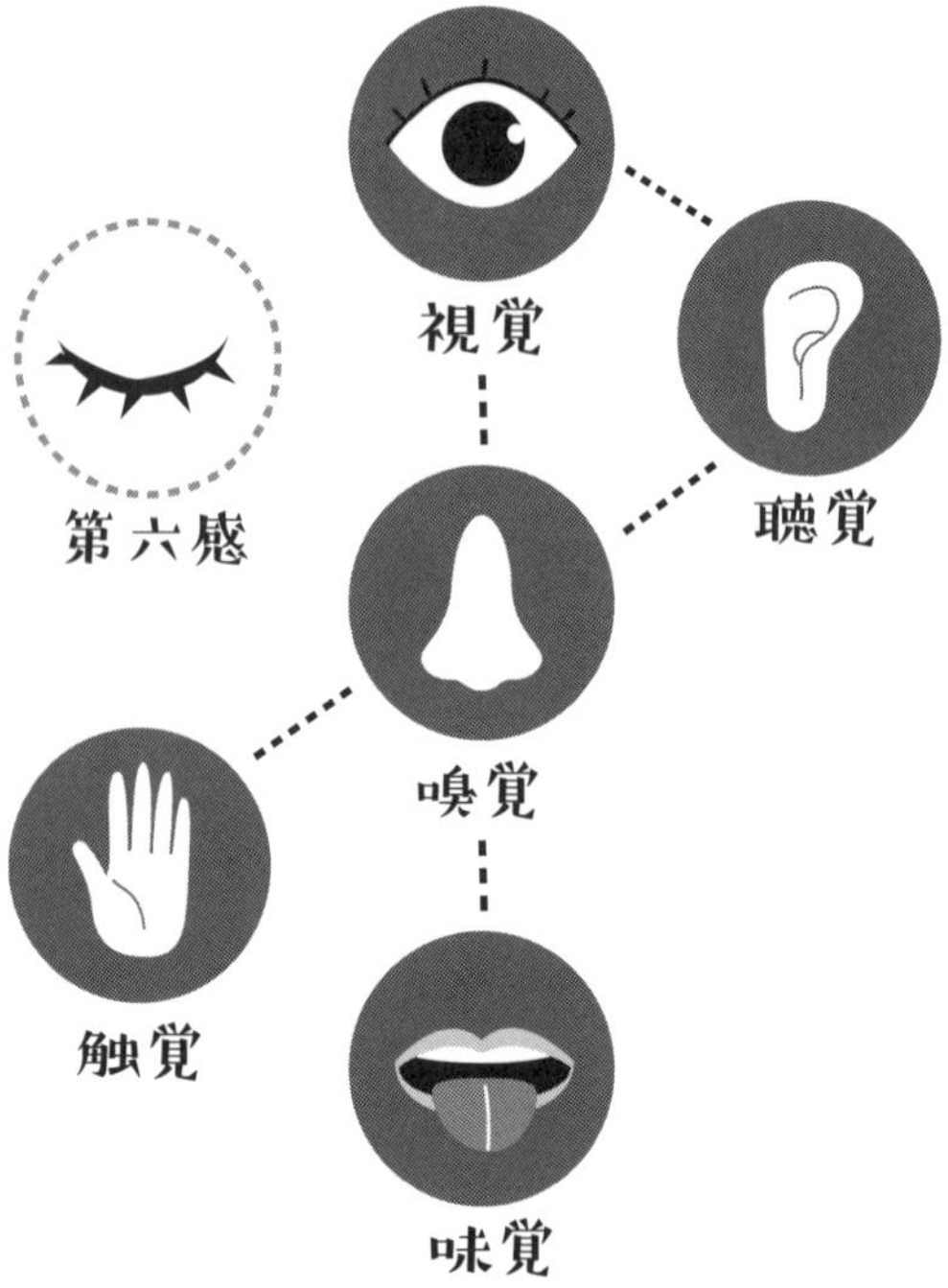

第４章

実際にペットと話してみよう！

ペットと話す5つのステップ

実際にやってみましょう！

ステップ1　自分の気持ちを整える

なんか最近イライラするな、どうも調子が悪い。
こういう時は気が散ってペットとお話することが難しくなります。

ペットとお話するのに必要なのは〝集中力〟です。

例えば何か嫌なことが起こった時、仕事に集中できないことってありますよね。誰かとケンカしたとか嫌なことを言われた。そういう時はグラウンディングでもして気持ちが落ち着くまで待ちましょう。
それでも治らない時は第3章でお伝えした、グラウンディングで負の感情を捨てる方法を

〝気持ちが落ち着くまで〟やって見ることをオススメします。

もう一つ大事なことをお伝えします。

それはいいことが起こってテンションが上がり過ぎていても集中できないということです。誰にでも経験あると思いますが、抽選で欲しい物が当たったり、思わぬプレゼントをもらったりして嬉しくて踊り出したいくらいにテンションMAXになることがたまにありますよね。そういう場合も気持ちを整えてからお話しないといけません。気分が上がりすぎても下がりすぎてもいけないのです。プラスでもマイナスでもないゼロの状態でいることが大切なのですね。

普段から気持ちが落ち着いているのかどうか？　をチェックしていれば、今ペットとお話できる状態かどうかが分かるようになります。気持ちが落ち着いているとペットとお話できるだけでなく冷静な判断もできるのでいつも落ち着いた状態を維持するようにしてみてください。

「いつもそんな状態を維持するのはムリでしょ」

そんな方も心配しないでください。ココロはコロコロ変化するものなので気分が上がったり下がったりする方が当たり前ですので、そうなったときに〝ゼロ〟に戻そうとするだけでも十分です。

最初からカンペキを目指さずに、落ち着いてゆっくりと進めて行ってくださいね。

焦りが一番の敵ですので。

ステップ2　ペットとお話する準備をする

・お話するのに必要な物

「まずは水晶をご用意ください」とは私は決して言いません。

私の教えは何かに〝依存しないこと〟なので、水晶や音楽、アロマを必要としません。

「これがないとお話できない」と〝思い込んで〟しまうと何かに頼るココロが出てきてしまうのでお話する時に毎回決まった道具を使うということをあまりおススメしていません。

何かに頼りすぎると人のエネルギーは下がってしまいます。物に頼らないで自分自身と向き合い続けることでエネルギーはどこまでも上がっていきます。自分を信じる力が何よりも高いエネルギーを生み出すのです。

道具を好きで使っている分にはかまわないと思いますが、必須アイテムにはしないでください。たまに道具を揃えるところから始める方がおられますが、決して道具が揃ったからできるといったことはありません。そういう方は依存心が出てきてしまい、逆にできるのが遅れてしまうのです。地道な練習の積み重ねでしか得ることのできない能力なのです。

道具は特に必要ありませんが、紙とペンがあればお話した内容を書き留めておくことができます。

遠隔でお話する場合はペットの写真（写メ）、名前、年齢、性別を用意してください。

あと一番必要なのは先ほどお伝えした〝集中力〟です。お話している最中にカラダが痛くなり、つらくなったら集中できなくなりますからね。座っていてもカラダが痛くならないイスやクッションをご用意していただくと良いかもしれませんね。

・姿勢

ペットとお話しようと思うと最低5分～10分は必要です。ペットとお話を楽しもうと思っているのに1分で終わるということはありませんよね。愛するペットとの会話となれば30分くらいはあっという間に過ぎてしまいます。

お仕事としてお話する場合も、30分は同じ姿勢を維持しなければいけません。ですので、まずは楽な姿勢で始めてください。楽といっても寝転んだり横になったりはやめてくださいね。

姿勢が楽すぎると高確率で寝てしまいます。私も何度か寝転んでやってみましたが、全て失敗に終わりました。夜からやって気がつけば朝、そんなことが何回かありました。私のようにならないためにぜひ計画的に座って練習してくださいね。

慣れれば気分を変えるために横になってお話していただいて構いませんが、最初は必ず寝落ちしてしまいます。

なぜかというと、目を閉じる＝寝る、という頭の通路ができ上がっているからです。

私たちは目を閉じて寝るという行為を何万回と繰り返しているので、どうしても目を閉じると眠たくなってしまうのです。

目を閉じる＝ペットと話すという頭の通路ができるまでは座ってお話していても眠たく

なるので、慣れるまでは楽な姿勢で座って何回も目を閉じてお話することにチャレンジしてください。もし眠くなれば寝てもらっても大丈夫です。

失敗しても成功するまで何回でもチャレンジしてくださいね。

・目線

目はしっかり閉じてください。瞑想は目を少し開けることもありますが、目を開けているとペットからの画像や動画の情報を受け取りにくくなってしまうので、しっかり目を閉じてやるようにしてください。

映画館と同じで、暗いからこそスクリーンに映像がしっかり美しく映し出されるのです。明るいと映像が見にくくなってしまうのと同じと思ってもらえればいいですね。

目を閉じて瞑想をする時に「だいたいどこを見ていればいいの？」という質問をよくいただきます。

目線は1.5から2メートル先をボーっと見るような感じでと伝えるようにしています。そうすると姿勢が崩れず安定します。しっかり見ると目が疲れてきたりカラダに力が入りすぎたりします。

あとは、集中していると目線が下がって姿勢が崩れてしまいます。目線が下がると首がつらくなって来るので、変なクセがつく前に毎回気をつけるようにしてください。

・呼吸

姿勢や目線と同じくらい大切なのが呼吸です。

私がお教えする呼吸の仕方は少し特殊です。

本やネットで呼吸法を調べると必ず、吸うよりも吐く方を大事にしたり、5秒吸って10秒はくと書いてあったりしますが、それを見るといつも私は「それって人によって違うのではないか？」と疑問に思ってしまいます。

人それぞれに合った呼吸、それぞれのアニマルコミュニケーションがあるのではないかと思っているので、一度私がいつも行っている自分に合った〝楽になる呼吸法〟を試してみてください。

★楽になる呼吸法

①まずはゆっくり深呼吸をします。
②そして吸う方が楽なのか、吐く方が楽なのかチェックしてください。
③次に、楽な方を意識して大きめに呼吸してください（吸う方が楽なら吸う方を大きく、吐く方が楽なら吐く方を大きく）
④２、３回それを繰り返したあと、やりにくかった方がやりやすくなったかどうかをチェックしてください。

無理して呼吸を深く大きくすると余計に呼吸が浅くなります。何も考えず思い切り深呼吸をすると、実は肺や呼吸をする時に使う筋肉に負担がかかります。筋肉は引っ張ると縮むという性質があるので、無理やり深呼吸を繰り返すと、呼吸の筋肉が緊張して呼吸しにくくなってしまうのですね。

吸うか、吐くかどちらかやりやすい方を繰り返すことで緊張していた筋肉が柔らぎ、呼吸が楽になっていくのです。

決められたことをやるのではなく、自分のペースで自分に合ったやり方で無理せずゆっくり行うことが何よりも大切なのです。

・力の抜き方

どうしてもペットとお話しようと集中するとカラダや顔に力が入ってしまいます。


肩に力が入ってないか？

カラダが緊張してないか？

チェックしながらお話してみてください。


私の講座では月に一度は生徒さんと一緒にZOOMで合同練習会をしています。練習している間、生徒さんがどんな顔をして、どんな体勢でしているのかをチェックしているのですが、初めたての生徒さんは必ずクセが出てきます。

手に力が入っていたり、前のめりになったり、難しい顔をして眉間にシワがよっていたり、集中しようと頑張れば頑張るほど力が入り、そして力を入れているせいですぐに疲れてしまってお話に集中できなくなるのです。

力が入っていると、どうしても長く集中できません。

最初は、力が抜けているかをチェックしながら瞑想することをおススメします。

お話できたらラッキーくらいの気持ちでいることが良いと思います。ココロもカラダも楽にして続けてくださいね。

ステップ3　ペットを呼び出し、最初の印象を感じる

グラウンディングやゼロポジションでペットを呼び出してみましょう。

目を閉じてお話する子の名前を、３回ココロの中で呼びます。

最初はペットが来たかどうかが分からないので、

「来たら鳴いたり、音を立てたり、お知らせして欲しい」とお願いしてみてください。

それが分からなくても構いません。そこにペットがいるなとなんとなく感じたら話しかけてみましょう。

ここで諦める方が非常に多いので一つアドバイスさせてもらいます。

初めてお話される方は分からなくて当然です。そんな簡単なものではないので最初は練習だと思って最低1ヶ月はやってみてください。

何となく感じる程度でもいいので同じところで立ち止まらずに前に進めていってください。ペットを呼び出した後、最初はお話するのは難しいと思うのでペットの印象を感じるようにしてください。

例えば初めて会ったこの人の第一印象はこうだな！　と思うことは誰にでもあると思います。優しそうだな、怒ってそうだな、寂しそうだな、楽しそうだな。このくらい簡単なもので大丈夫です。初めから具体的な印象は必要ありません。

とにかく何でもいいので感じるように意識してみてください。意識することで感度が上がってきて、何度もやっていくうちに感じるようになります。なんとなくでも良いので、その〝なんとなく〟を大切にしてくださいね。続けていれば確信に変わる日がきっと来るので。

ステップ4　挨拶して質問してみる

呼び出せたと感じれば、次は挨拶して質問しましょう。

ご自分のペットであれば「やあ、元気？」のようなカジュアルな挨拶でかまいません。

それ以外のペットや動物とお話する場合は、最初に「はじめまして、私の名前は●●と言うよ。調子はどう？」のように挨拶してからお話をはじめてください。

動物だからといって挨拶をしないということではダメですよ。動物も動物なりのルールや礼儀があるので最初に嫌われてしまうとお話してくれないかもしれません。

礼儀がない人と話したくないのは動物も人間も同じです。ご自宅で飼われているペットちゃんなら堅い挨拶はいりませんが、そうでない場合はできるだけ丁寧に話しかけるようにココロがけてください。

人間関係でもそうですが、初対面の印象が肝心です。

最初に丁寧に話しかけると印象が良くなり「この人とならお話しても良いかな」と思ってもらえます。

例えばお仕事として他で飼われているペットとお話する時には、ペットはいきなり話しかけられて緊張している筈です。その緊張を和らげるためにも、挨拶の後ペットが安心できるような「今、お話しても大丈夫？」「今、時間ある？」など〝おもてなし〟のココロを持って、ひとこと付け加えてあげればさらにココロを開いてくれる筈です。最初の挨拶でつまづいてしまうと信頼関係ができずたくさんお話してもらえない場合があるので気をつけてくださいね。

自分のペットと話す場合は逆に、気をつかわずに他の家族と話すように話してもらえればペットは喜びます。

5つの質問のポイント

質問は何でも良いからすればいいというものではありません。

これは答えやすいけど、これは答えにくいっていう質問ありますよね。

最初は軽い質問から始めて、会話が広がってくれば深い質問にしていく。この順番が大切なのです。

今からご紹介する方法を使ってペットにする質問を決めてみてください。

1　答えやすい質問

まずは、はい、いいえ、で答えられるような質問をしてください。今お話してもいい？　元気？　暑くない？　寒くない？　など、最初の質問はお互いの雰囲気を作るためにも答えやすい質問から始めてください。

いきなり答えにくい内容やお願いをしないようにココロがけてくださいね。先ほどもお伝えしましたが、最初が肝心なので相手の緊張をほぐすためにも、気軽に聞けるお天気や体調、カラダに関すること（お腹空いてない？　喉乾いてない？　どこか痛いところはない？　など）を聞いてあげてください。

2　質問は短く簡単に

一度に何個も質問して答えにくい質問をするとペットも混乱しますので、短くて誰にでも答えられる簡単な質問にしてください。

例えば、どんな食べ物が好きで何が嫌い？　あと、何をしている時が幸せを感じる？　と言うように一気に質問をするとペットは答えられません。「好きな食べ物はこれだけど、あと何だったっけ？」となってしまいます。

人はメモを取ったり頭で覚えたりできますが、ペットはメモを取ることも多くを記憶しておくこともできません。

なぜならペットは記憶しておく脳の容量が少ないからです。ペットは人のようにたくさんの情報を頭に保存しておくことが苦手なのです。頭の大きさを見ても分かる通り脳が小さいからいろんなことを覚えていられず、すぐに忘れてしまうのです。

だから、質問は返ってくるまで一つずつ、と覚えておいてください。

ペットには子供でも答えられるような簡単な質問をしてください。そこから返って来た答えに対して、なんで？　どうして？　と聞いていくと楽しい会話が広がっていきますよ。「初めて食べたあの味が忘れられないの」なんてことが聞けるかもしれませんね。

3　責めない、犯人探しをしない

人間も動物もいきなり責められると嫌な気持ちになりますよね。嫌な気持ちになるだけではなく、一生懸命言い訳を探した時に責め返されてケンカになったり、いいことは一つもありませんよね。

例えばトイレの失敗などの問題行動。

トイレ関係でペットとお話を聞いてほしいと言う依頼がものすごく多いのですが、初めて話す子に、「何でトイレ失敗するの？」と言えばペットはいきなり責められたような気持ちになってしまいます。

大切なのは責めることではなくわかってあげること。

あ、わかってくれるのね、と思ってもらえるからこそココロを開いて問題行動がなくなるのです。トイレの失敗を〝失敗〟と決めつけないで、「飼い主さんがトイレでおしっこして欲しいと言っているけど何か理由があると思うの」とペット目線になって分かろうとしてあげてください。

人間目線の責める質問ではなく、次のように言い換えてみてください。問題行動を一緒に解決するつもりで聞いてみてください。

・何でトイレを失敗するの　→　トイレを外すのには理由があるの？

・何で噛むの　→　噛む理由を教えてもらえる？

・何でいたずらするの？　→　いたずらするのには何か理由があるの？

という人間目線ではなくペット目線になって質問すれば、ペットもわかってくれるなら直そうかな、と思います。

ペットをペットとして見るのではなく、同じ感覚を持った仲間と思って接してください。そうしてもらうことをペットも楽しみに待っています。ぜひ一度、ペット目線で見てあげてください。

4　決めつけない

可哀想、大丈夫？　不安だよね？　などの答えを前もって決めているような質問は避けるようにしてください。

質問する前から感情が出てしまうとペットの声を逃してしまいます。人は可哀想と思うとついつい決めつけて思い込んでしまうところがありますので気を付けないといけません。

例えば、お金持ちの人がそうではない人に対して「お金を持ってないと言うことは不幸なことだ」と思ったとします。

でも、それはお金持ちの思い込みかもしれませんよね？　お金を持ってない人に「今、幸せ?」なのかは、本人に聞かないとわかりません。世界一幸福度が高い国・ブータンという国をご存じでしょうか？　国民の97％が幸せと答えるブータンという国は決して経済的に豊かとは言えません。日本の方がはるかにお金持ちなのに。

ブータンでは、〝経済的な豊かさではなく、精神的な豊かさを大切にする〟ことをモットーとしているのです。幸せはお金ではなく精神的な豊かさがもたらすもの、と言うことを証明してくれていますよね。

これで分かるように、人は一度思い込むとなかなかその考えをひっくり返すことはできません。ですので、ペットとお話する時は絶対に決めつけないでペットの答えを尊重するようにしてください。

〝聞いてみないと分からない〟この素直なココロを持ってお話すればペットの本当の声を聞くことができます。それだけではなく、人とお話する時も決めつけることなく相手の話を聞くことができれば人間関係も上手くいく筈ですよね。

ペットは自分の答えを尊重してくれる人にココロを開きます。ですので、決めつけないで一緒に考えていると言う気持ちを持って質問してください。

5　沈黙を恐れない

質問した後にすぐ答えが返ってこなくても焦らないでください。焦って違う質問をしてしまうとペットは困ってしまいます。

答えが返ってくるまでじっと待つこと。時にはこれが質問する側に求められることもあります。

人間もそんなにすぐ答えられる人ばかりではありませんよね。

人間ではあまり見かけませんが、こちらのココロを読んで質問している最中に答えを返すせっかちなペットも結構います。

しかし、考えてから答えを出す子も中にはいるので、聞いても答えが返ってこなければ、10秒から30秒は待つようにしてみてください。いつまでたっても答えが返ってこない場合はペットが分からない質問か答えたくない質問だと思っていてください。

私たちの質問の仕方や使う言葉によってペットの答えは大きく変わります。質問力を鍛えてペットがお話したくなるような質問を考えてみてください。

ステップ5　お礼を言ってお別れする

最初はペットとの会話は慣れなくて疲れてしまうので、お話した後すぐに目を開けてお別れしてしまうことがあります。

ですがペットにも礼儀はあります。突然人に呼び出されてお話が始まって、何も言わずに去って行かれたら誰でも嫌な気持ちになりますよね？　それと同じで会話が終われば疲れていても「お話してくれて有難う」と、ひとこと言ってあげてください。それだけでもペットはこの人とお話できてよかったな、と思ってくれます。

・動物も礼に始まり礼に終わる

これは人間の世界では当たり前のことですよね。お話が終われば、「お話してくれて有難う」お話が終わった時にこう言われて嫌な人は一人もいない筈です。

お話が終わったペットに「お話できて楽しかったよ！　またお話しようね」と言ってあげればペットもまた喜んでお話してくれますよね。

ペットも
どんな人が話しかけてくれているのかな？
怖くないかな？　優しい人なら良いな
と、緊張したりワクワクしたり人と同じように感じています。

話が終わって、良い人とお話できたな、これは誰かに自慢しないと！　と思ってもらえるような終わり方をぜひ目指していただきたいなと思います。
礼に始まり礼に終わるのは人だけではないということですね。

第５章

もっと上手く話せるようになるためのコツ

仲良くなるにはしつけじゃダメ？

ペットから聞いた飼い主さんに懐く5つの方法

ペットに聞いた一番嫌いなタイプはどういう人？

それは〝威圧《いあつ》的な人〟

簡単に言うと怖い人ですね。

「大好きなペットともっと仲良くなりたい」「もっと近くに来てほしい」と思っている人は大丈夫だと思いますが、「初めから言うことを聞かせてやろう」とするような人はペットからすれば、あり得ないと言うことですね。

そういう人ではないのに、飼っているペットが懐いてくれない。何か悪いことをしたり、いじめたりしている訳でもないのに、触りに行くと嫌がられる。悲しいですが、たまにそう言うことが起こります。

そんな飼い主さんからご依頼をいただいてペットとお話することがあるので、ペットがどう思っているのかを、ペット目線でお伝えしていきます。

普通に考えればペットが喜ぶこと（エサをあげたり、ペットを喜ばそうとしたり）をしていれば懐いてくれるだろうと思いますよね？

しかし、それはあくまで人間目線なので、ペットからすればただエサをくれる人、ただ遊んでくれる人、と思われているかもしれません。大切なのは信頼されているかどうかなのですね。

今回は「飼い主さんに懐かないのはなぜ？」とペットから直接聞いた答えですので、ぜひ参考にしてペットが信頼できる飼い主さんを目指してください。

そうなれば勝手にペットから近寄って甘えてくるようになりますよ。

1　嫌がることをしない

人間も同じですが、いくら好かれることをしていても嫌がることをしていれば結局のところ嫌われます。どれだけ優しくしてもらっていても、一度裏切られたらもう一生許してもらえない。そんなことってありますよね。

あなたの行動がペットの嫌がる人に当てはまっていないかチェックしてみてください。

・しつこい（嫌がっている姿が可愛くて、何回もイタズラしてしまう）
・いきなり触る（触られるのが好きじゃない子は特にびっくりします）
・酔っ払う（お酒の匂いや酔っ払いの行動も好きではないようです）
・大きな声を出す（ペットがビクッとしているのを見たことありませんか？）
・急に動く（自分より大きい存在が急に動くと驚きますよね）

これが全てではありませんが、いつも〝ペットは何をされたら嫌がるのだろう？〟と考えるようにしてみてください。

嫌なことをしなければ好きになってくれるのがペットです。まずはこれとこれが嫌がっているな、と言うことをわかってあげてください。「私のことをこんなにもわかってくれているのね」こう思ってもらうことこそがペットが人に懐いてくれるようになるコツなのですね。

2　いつも笑顔で声をかけてあげる

ペットは人の表情やココロを読み取る天才です。飼い主さんが今どんな感情なのか、何を考えているのかを常に気にして過ごしています。

いつも自分がどんな表情をしてペットと接しているか一度考えてみてください。

例えば、家に帰って来て疲れた顔をして黙ってペットに会うのと、疲れているけどせっかく会うなら嬉しさを顔に出して「会いたかったよ！」と言って帰ってくるのでは、ペットがどちらに喜んでくれるかは明確ですよね。

朝起きた時や、仕事や買い物から帰って来た時に笑顔で接してみてください。

ペットも嬉しさを出してくれる筈ですよ。

懐かないと悲しむ前に、先にこちらが笑顔を出してあげることをしてみてください。

ペットが懐いてくれるから可愛がるのではなく、先に飼い主さんから歩み寄ってあげるからこそペットはあなたをリーダーだと認めて信頼してくれるのです。あなたの行動が変われば、きっとペットの態度も変わってくる筈ですよ。

3　ペットは落ち着いた人が好き

賑やかなのが好きなペットもたまにいますが、基本、静かに暮らしたいと思っているペットが多いので、赤ちゃんや子供（人間でも動物でも）を苦手としている子がたくさんいます（そうでない世話好きな子も、もちろんいます）

大きな声を出したり急に動いたり、ペットがびっくりするようなことをしないようにしてみてください。ほとんどのペットは飼い主さんが大好きです。でも、動物の種類によっては距離感や愛情表現が違います。

あまり近くには寄ってこないけど飼い主さんのことが好きと言うペットはたくさんいるのです。ペットからすれば十分懐いていると思っていても、飼い主さんが「この子は抱っこをさせてくれない」と不満を持っていればそこにすれ違いが起きますよね。そんなすれ違いにならないように、焦らず「この子はそう言うタイプなのだ」と理解するようにしてリーダーの余裕を見せてあげてください。

ゆっくり話したり、穏やかに暮らしたりすることでペットから近づいて来てくれる日もそう遠くはない筈ですよ。

4　ココロの中で悪口を言わない

ペットは人のココロを読むことができます（毎回ではありませんが）。

動物はテレパシーでのやりとりをしているので、飼い主さんが自分のことをどう考えているかを読み取ってしまいます。ですので、先に苦手意識を持ったり「動物は嫌いだな」とココロで思ったりするとペットにバレてしまうので気をつけてください。

特に、ペットに意識を向けている時にココロで悪口を言ってしまうと、ペットは嫌でも気付いてしまいます。

ペットと目があった時や、こちらを向いている時は意識して愛情のこもったメッセージをココロの中で呟いてあげてください。そうすることでメッセージが伝わり、飼い主さんから愛されていることが分かり安心してくれます。

心配性な子や、問題行動が多い子には特に気をつけてあげてくださいね。

5　ペットを見下さない

しつけをして言うことを聞かせようとしたり、いつも遠くからエサを投げたり、触り方が雑だったり、命令するような口調になっていたりと、上からペットを見下していれば、懐くどころか嫌われてしまいます。


ペットからも何か学べることがあるのではないかと同じ目線になって考えることで、ペットも飼い主さんもお互いに成長することができます。

ダメなことをしたら怒るということは必要であったとしても、何も悪いことをしてないのに怒られれば誰でも嫌になりますよね。

できるだけ平等に見てあげることで、あなたのココロの成長にもなるのでしつけよりも愛情を大切にしてあげてください。

ココロで話しかける

ペットは受け取り上手

ペットに言葉で話しかけることってよくありますよね？

「おはよう！」「体調はどう？」「お腹空いてない？」ペットはいろんな言葉を投げかけられますが、全てを理解することはできません。

言葉で話しかけることも大切ですが、ココロで伝えてあげる方がよりはっきりと確実に伝わります。

例えばあなたがアメリカへ留学したとして、ホストファミリーの方に英語で話しかけられている場面を想像してください。

あなたは言葉の意味が理解できないかもしれませんが、なんとなくその人が困っているのか、挨拶されただけなのか、怒っているのか、悲しんでいるのか、その人の〝感情〟は理解できますよね？

それと同じでペットはなんとなくの感情しか分かりません。何を言っているのか分からなければ、ご飯？　散歩？　それとも遊んでくれるの？　とペットが都合のいいように受け取ってしまいます。

もちろん怒られた時は飼い主さんのすごく大きな声と怖い顔を見ればすぐ分かる筈ですよね。それはペットにとって、それは恐ろしい顔になっている筈なので思わずダッシュで逃げ出しちゃうのも納得です。

ペットの前ではできるだけ穏やかにいたいものですよね。


言葉はペットからすると外国語のように聞こえる。ということは分かっていただけたと思います。ペットにこちらの想いを伝えるには言葉ではなく、ココロで話しかけてみてください。飼われているペットとは繋がりが深いので、他のペットより伝わりやすいと思っておいてください。

普通に誰かとお話するような感じで〝言葉にしないで〟ココロの中で独り言のように話しかけるのがコツです。

最初は〝愛しているよ〟〝可愛いね〟と褒めてあげることから始めてください。そうすることで、ペットもまたお話ししたいと思ってくれるようになります。

「これをやめて欲しい」「これをして欲しい」、のようなお願いばかりすると、ペットも聞いていないことにしたくなりますよね。私も子供の頃、母親から「もうちょっと勉強してくれない？」と言われて聞こえなかったふりをしたものです。

人間もお願いされるより、褒める方を多くしてもらいたいですよね。「オレは褒められて育つタイプだ」と母親によく言っていた記憶が蘇ってきました。

それはさておき、ペットへの伝え方は分かったけど、ちゃんと伝わっているかどうか分からない。

そう思われる方もいらっしゃると思いますが、ペットの声が聞こえない！　と不安な気持ちになればペットにその感情が伝わるので、「絶対伝わった」と思える強いココロを持つようにしてください。

疑うココロを持っていては、いつまでたっても先に進めません。できたと信じることで先に進めるのですね。

ペットに何かを伝える時は、できるだけココロが安定した状態でするようにしてください。ペットは受け取り上手ですので必ず受け取ってくれます。それを信じることがとても大切なので覚えておいてくださいね。

ペットを癒す方法

ペットと一緒に癒される時間を

一日一回、ペットを癒してあげましょう。

ペットを癒す方法はすごく簡単です。

まずはご自身がゆっくり深呼吸してリラックスします。そのリラックスした状態でペットを撫でてあげると、さらに効果がアップします。

仕事や家ことで忙しくてバタバタしていると、ペットにまでそのストレスが伝わってしまいます。2章でお伝えしたグラウンディングやゼロポジションを行ってココロを落ち着けてもらうのもいいですね。

ココロがリラックスした状態でいるだけもその気持ちよさがペットに十分伝わります。

ペットと飼い主さんは繋がりが深いので、自分を癒せばペットも癒されるということですね。

逆にいうと、いつもイライラしていたらペットにもその影響が出るということです。

例えばケンカの絶えない家庭で暮らしているワンちゃんは、ずっと緊張状態になります。人間でもずっと緊張してればイヤになりますよね。

大人なら家を出ればすみますが、ワンちゃんはそうはいきません。イヤでも家にいなければいけないので体調を崩したり、ムダ吠えが続くようになったりします。

ワンちゃんの問題行動でご依頼をいただくことがよくありますが、話を聞いていくと家庭での問題が原因で起こっているということが意外に多いのです。

家庭の中がギクシャクして、ケンカをしたりしていると、ペットも落ち着かない子になります。そういう子の特徴を上げていくと、

・落ち着きなくウロウロ動き回る
・何かあるとすぐに鳴き、吠え続ける
・すぐ噛みつく
・必要以上に体をなめる
・不安で後追いばかりする

など、いろいろな問題行動が出てくるようになります。

飼い主さんが落ち着き出すと急にペットも落ち着くようになる、そういうことは普通によく起こります。

特徴が一つでも当てはまるなら、ペットを注意するのではなく、まずはご自分が毎日リラックスしてください。

ペットを癒す前にペットを緊張させないこと。

実はそのほうがよっぽどペットには重要なのですね。

大きな声やペットの嫌いな音（金属音や手を叩くと出るような弾ける音、テレビやラジオの音など）もできるだけ出さないようにしてあげてください。

緊張しなければ勝手にリラックスするのがペットなので、ぜひ長い時間リラックスできるような環境を作って、お互いが癒し癒される関係を作り上げてください。

ペット目線になる

しつけよりも大切なこと

子供の頃はペットと同じ目線で遊べていた。

そういう記憶ってありませんか?
ペットも人も平等に、ただただ純粋に昔から親友だったかのように無邪気に遊ぶ。
そんなことって少なくなりましたよね。

それができる大人は昔よくテレビで見かけたムツゴロウさんくらいではないでしょうか。
ムツゴロウさんを見ればあの人は動物と同じ目線で接しているな、と誰が見ても思う筈です。そして、あんな風に動物と遊べたら楽しいだろうなと、動物好きの方ならば、一度は頭の中で自分の理想を膨らませた記憶がある筈です。

動物好きに悪い人はいない！　とよく言いますが、その考えはあながち間違いではないと私は思います。

動物好きな人は少なからず動物目線を持っているからです。

ペットを飼っておられる方ならば、どうすればペットが喜んでくれるのか？　何をすれば怒るのか？　を知っていると思います。それを知ろうとするからこそ、ペットもあなたのその気持ちを信頼して懐いてくれるようになります。

ペットとなかなか仲良くなれない方の特徴があります。

それは、仲良くなることよりも〝しつけ〟や〝芸をさせること〟に一生懸命になっている方です。

言うことを聞かせることを、仲良くなることよりも大事にするとペットはどう思うのか？

それは、この人は私を見ているのではなく、自分の理想を押し付けているのだな、と感じます。

飼い主さんがペットへの「こうなってもらいたい！」は押し付けるべきではありません。

決してしつけや芸をさせるなと言っている訳ではありません。

必要なしつけや、ペットが楽しんでやる芸はしてあげるべきですが、必要以上のことはしない方がいいと思っています。愛情を持って接してあげること、楽しそうにしているのか、嫌がってないかをまず考えてあげましょう。

それを忘れないようにすれば、ペットが懐いてくれる方が当たり前なのだと思える日が来る筈です。

問題行動の改善方法

問題を問題として見ない

ペットの問題行動と言えば、噛みつきやトイレの失敗、他の子と仲良くできない、散歩しない、食糞、むだ吠え等、動物の種類によっていろいろありますよね。

実は、どれも飼い主がペットを直そうとすること（ペットのせいと思うこと）が問題なのです。

ペットは自分を変えようとしてくる人に反発します。逆に、ペットは自分をそのまま受け入れてくれる人のために、もっと飼い主さんに喜んでもらおうと必死に努力します。人間の子供も「してはダメ」と言えば言うほど余計にそれをしようとしますよね。それと同じで無理やり変えようとすると反発されて問題行動はなおりません。

大切なのは分かってあげようとすることです。

まずはなぜそれをするのだろう？

何かきっと理由がある筈だ、それさえ分かれば問題は解決する方が当たり前なのだと思ってください。

そうでなければ根本的に問題行動が良くなることはありません。問題行動は飼い主さんとペットへの試練です。それを一緒に超えていくことでもっとキズナが深まります。それなのに問題行動をペットのせいだけにするのは可哀想ですよね。

まずは、問題行動はなぜ起こるのか一緒に考えていきましょう。ペットも人と同じように言葉を話せて発言できるなら起こることはありません。人の子供も大人に上手く言葉で返せないから泣いて親に知らせようとするのと同じです。

ペットも言葉を話せないから行動で伝えているだけなのです。それが問題行動と言われているのですね。

問題行動の直し方はとにかく認めてあげることに尽きます。

他の子を噛んでしまう子には自分で自分を守らないといけないと思い込んでいる子が多いので「私が守ってあげるからね」と安心させてあげましょう。

トイレを失敗する子は、もっとかまって欲しいと言うサインや私のトイレはここではないという印ですので、トイレの位置を変えて「寂しい思いをさせてごめんね」と、こちらのミスだと考えてみましょう。

他の子と仲良くできない場合は無理に仲良くさせようとせず「無理して仲良くしなくていいからね、ごめんね」と仲良くしたくないことを認めてあげてください。

人間も一人が好きな人がいますよね。ペットも同じです。

ムダに吠えてしまう子は飼い主さんや自分の家を守ると言う使命を強く感じている子ですので、「守ってくれて有難う。この人は大丈夫だから安心してね」と言ってあげてください。

他にもいろんな問題行動がありますが、どれも自分や家族を守ったり、寂しかったり、認めて欲しかったりすることから起こることなので、問題を問題と思わずに

「愛しているよ」

「守ってくれて有難う」

「大丈夫だよ」

「よく頑張ってくれているね」

ペットを認める言葉や安心させてあげる言葉、感謝の言葉を、毎日言う習慣をつけてみてください。ペットは〝分かってくれたのだ〟と思い、問題行動を止めることでしょう。

問題行動には必ず理由があると覚えておいてくださいね。問題行動はペットと一緒に乗り越えることで成長できるためのカベなのです。

ペットへの質問集

３つのレベルに分けて聞く

ここでは自分で飼っているペット以外の子とお話する時に聞く質問を、３つのレベルに分けてお伝えします。

自分で飼っているペットなら聞きたいことを聞いても「いきなり何？　失礼しちゃうわ！」と言われることもない筈ですが（ペットの性格にもよりますが）、他のペットにいきなり深い質問をしたら驚かれてしまいますよね。

例えば、人の会話でも初めて会う女性にいきなり歳を聞くのは失礼とされています。誰でも最初は天気の話や最近のニュースの話をするのと同じで、ペットにも最初にする質問から途中でする質問、最後にする質問に分けて考えていきましょう。

レベル1　最初にする質問（聞きやすい質問）

・元気？
・調子はどう？
・今お話しても大丈夫？
・お部屋の温度は大丈夫？
・お腹空いてない？
・痛いところはない？

レベル1では、挨拶程度と思っていただければいいです。毛並みや可愛らしさを褒めたり、話してくれていることに対して感謝の言葉を伝えたりしてもいいですね。決して否定的なことは言わないようにしてくださいね。人との会話と同じように尊敬のココロを持ってお話してください。

レベル2　途中でする質問（日常の質問）

・好きな食べ物（嫌いな食べ物）は何？
・何をするのが好き（楽しい）？
・飼い主さんに言いたいことある？
・好きな遊びは何？
・好きなおやつは何？
・飼い主さんのことどう思う？

レベル2ではもう少し深い質問をしていきましょう。気になることを聞いてもらってもいいですし、素朴な疑問をぶつけてもらってもいいですね。注意したり、お願いしたりするのはできるだけやめてあげてくださいね。

レベル3　最後にする質問（深い質問）

・あなたが生まれてきた理由は？
・あなたの前世を教えてくれる？

・問題行動について
・あなたの使命（仕事）は何？
・やめて欲しいことある？
・飼い主さんとはどんな繋がりがあるの？

レベル3では最後の繋がりや前世、使命など深い質問をしてください。それまでに信頼ができていればある程度何を聞いても答えてくれる筈です。ただし、赤ちゃんや子供に聞いても訳が分からないと思うので、大人になってからの方がいいかもしれません。子供でも答えてくれる子もいるのでチャレンジしてみてもいいですね。

初めてお話する人と同じように、最初は誰にでも答えやすい質問をして徐々に深い質問に変えていってください。

これが会話の基本なので、これを意識できるようになれば、人との会話もスムーズに行って初対面の印象が良くなります。

会話上手になって動物からも人間からも好かれる人生を送っちゃいましょう。

第6章

安定して話すための気持ちの整え方

プロが実践する気持ちの整え方

もう一人の自分との付き合い方

プロとしてペットとお話する上で一番大切にしていること。それは気持ちを整えることです。

ペットと話そうと、どれだけ練習してもできない方にはまず気持ちの整え方を徹底してもらっています。イライラやモヤモヤした気持ちのまま何かに集中しようと思ってもできないのと一緒で、まず気持ちを整えないとペットとお話はできません。

上司や家族にイヤなことを言われて、その言葉が頭から離れず「あの時こう言い返しておけばよかった」などと一日中、仕事や家事が手に付かない。と言う経験された方も少なくない筈です。

そう言うココロが乱れた状態では、ペットとお話することはまずできません。テレビを見ながら難しい宿題ができないのと同じですね。

しっかり集中すればそれほど難しいことではありませんが、気が散っている状態でペットとお話をするとかなり正解率が下がってしまうでしょう。

それではプロが教える気持ちの整え方を始めていきましょう。

3日坊主の仕組み

自分はイライラしたくないと思っているのにイライラが収まらず作業が進まない。頭ではやろうと思っているのになかなか行動できない。

こんな時は、もう一人の自分を知らないと上手くいきません。なぜそんなことが起こるのか考えたことありますか？

実は理由がちゃんとあります。

それは自分の意識は約３％程度で、その他約97％はもう一人の自分に支配されていると言うことです。頭（３％）でやろうと思っているのにもう一人の自分（97％）がそれをさせない。

そう考えると分かりやすいですよね。

もう一人自分がいる？　そんなことある訳ないじゃない！　と思われる方もいらっしゃる

かと思いますので例をあげていきましょう。

・もうイライラしたくないと思いながらもイライラする自分がいる。

・頭ではダイエットをしようと決めたのに、3日くらいするとなぜだか食べたくなってしまい失敗して、さらにリバウンドまでしたことがある。

・英語をマスターしようと本を買って勉強し始めたが、1週間過ぎても本を開けることなく「いつかまた読もう」と、そっと本棚にしまったことがある。

やろうと決めたのにできないカラクリ（3日坊主の仕組み）がもう一人の自分だとすれば納得しますよね。こんな経験は誰にでもある筈です。ではなぜ自分が決めたこともできないのか？

それは〝もう一人の自分は今を維持しようとする〟働きがあるからです。

これが3日坊主の仕組みが起こる正体なのです。

これを知らないと何か新しいことをしようとした時に、3日くらいすれば必ず自分が邪魔をして、なぜか分からないけどやらなくなってしまう。最初あれだけやる気に燃えてやりだしたのに、急に冷めてしまい何か理由をつけてやめようとしてしまう。

これはもう一人の自分が、「このままでいいじゃない」と新しいことをさせないように97％の力で引っ張り戻すからです。あなたの性格が3日や4日で変わらないのと同じですね。

例えば、日替わりであなたの性格が変わるとすれば、自分のことが分からなくなって自分を維持できなくなってしまいますよね。今日は穏やかな性格で、明日は激しく攻撃的な性格で、明後日は天然な性格になれば、どれが本当の自分なのかもわからず精神が保ちません。だから、もう一人の自分がそうならないように必死であなたを守ってくれているのです。

何か新しいことをやろうとすれば今の自分を維持しようと3日坊主の仕組みが発動すると言うことですね。

自分の変え方

3日坊主の仕組みについては分かってもらえたと思います。それでは次にどうすれば自分を変えられるのか？　その方法についてお話していきます。

それは〝もう一人の自分に気づかれないように変える〟ことです。最短、最速でペットと話したい、やせたい、イライラをやめようと、自分を変えようと思うから失敗するのです。

最初はできるだけゆっくり丁寧に行動する。

これこそがそれ以外にはないくらいの方法です。目標は大きく持つべきですが、日々やることをできるだけ小さくしてください。いきなり最大限の努力をするからもう一人の自分に気づかれて3日坊主で終わってしまうのです。

毎日ほんの少しだけを続けることが特に重要になって来ます。続けていけば、新しいことにチャレンジする自分が当たり前になっているようになりますよ。

ペットと話したければ毎日1分練習をする、ダイエットなら毎日1口だけ残す、英語をマスターしたいなら毎日1ページだけ本を読む、それが継続できれば次は量を少し増やす。ちょっとずつ量を増やしていくことでもう一人の自分に気づかれずにできて、さらにやらない方が気持ち悪いくらいになります。これを知っていればやりたいことは何でもできるようになります。

ちょっとしたことですが、知っていると知らないのとでは天と地との差が生まれます。

ぜひご活用ください。

イライラ解消法

イライラしている時にペットとお話することはまずできません。

なぜかと言うと頭が優位になっていて、ココロを静めることができないからです。

落ち着いてココロが静かな状態じゃないと、ペットとはお話できないと覚えておいてくださいね。

ではなぜイライラしてしまうのか？　これについてお話していきます。

イライラの原因は〝自分が正しい〟と思っているから。根本的な原因はこれなのですね。

自分の思い通りにいかなかった時にイライラすることはよくあると思いますが、もし自分は正しくないのではないか？　と思えれば理論上イライラはなくなります。自分の思い通りに行く訳がない、と思えれば実はイライラは消えてしまうのですね。

イライラした時はもしかすると、相手が合っているのではないか？　自分も間違っている所があったのではないか？　と冷静に考えるようにしてみてください。イライラの本当の原因はたったこれだけなのです。

自分が正しいと思い込み、偉そうになればなるほどイライラすることが増えてしまう。知らず知らずのうちにこうなってしまうと思ったら怖いですよね。

私たちは大人になってある程度自由に何でもできるようになりました。ただ、それに慣れてしまうと何でも自分が思った通りにいくものだ、と頭が勘違いしてしまい、思い通りにいかないとイライラしてしまうようになるのです。

今度イライラした時はイライラしている自分は何か間違っている、と思ってみてください。不思議とイライラは消えてなくなる筈ですよ。

ココロを落ち着ける瞑想方法

イライラが解消すれば次はさらにココロを落ち着けましょう。

でも、いざココロを静めようとするといろんなことが頭をよぎります。今までペットと話せない方が普通だった自分がいきなりお話を始めると、今を維持しようともう一人の自分が邪魔をしてストップさせようとするのですね。

ですので、それを利用して毎日1分だけ気持ちを整えるため（ペットとお話するためにも）深呼吸に集中しましょう。これを最初に継続することで、継続することが当たり前な自分を作り上げます。

いきなり1時間ペットと話す練習をしてしまうからやる気がなくなってしまうのですね。

毎日1分を1ヶ月続けることができれば徐々に練習時間を増やしていってください。

そうすれば気持ちが整うと同時に、ペットとお話できるココロも手に入ります。

この積み重ねがあるからこそ、プロはペットとお話しようと思った時にすぐできるのですね。

自信のつけ方

すぐにペットとお話できるようになる人には特徴があります。それは自分を信じている人です。

なぜ自分を信じることがペットとお話する時に必要なのか？　それは、ペットの声はなんとなく聞こえてくるからです。しっかりした耳で聞くような声なのであれば誰でもすぐ分かるのですが、なんとなく聞こえてきたような声を信じられるかどうかがアニマルコミュニケーションにはとても大切です。

声だけではなく、ペットとお話する時には映像が送られてくることもあります。パッと目の前に浮かんだ映像を信じるか、疑うかでペットとお話できるか、できないかが決まると言っても言い過ぎではないです。

私の講座を習い始めた生徒さんのほとんどが、このペットからの小さな声を、自分の思い込みではないかと疑います。本当にこれで合っているのか？　と本当によく質問されます。私たちは目で見て耳で聞こえたものを信じて生きているので、それ以外から聞こえてきた声が本当かどうかを疑ってしまうのです。

これは今まで信じて来なかった人なら仕方のないことなのかなと思います。人は信頼性の薄いものは信じません。なんとなく知り得た情報を信じて行動できる人はほんのひと握りだと思います。

ほとんどの人は確かな情報を欲しがります。騙されることや失敗することをココロの奥底で恐れているのです。自分を信じると言うのは勇気のいることです。

人間は一人では決して生きていけない動物なので、親や家族の意見を良く聞くようにできています。しかし、成長してある程度の常識を身につけることができれば、その後は他の人の意見よりも自分の気持ちを信じることが大切になります。

いつまでも他人の意見を大切にし過ぎていると、自分がなりたい自分になるよりも、他人がなって欲しい自分のまま変わることができず、悩みの多い人生になってしまいます。

今まで自分を信じることができず疑うクセのある人は、自分が思いついたことを信じることをまずやってみてください。

ああだ、こうだと理由ばかりつけずに、直感でやりたいと思ったことをやってみる。

言いにくいことでも言うべきだと思えば言う。

普段からそうやって自分を信じているからこそ、それがペットと話そうと思った時にも活きてくるのですね。

★私生活で気をつけること

・自分のやりたいことをやる
・人にどう思われても自分の言いたいことを言う（人を傷つけない程度に）
・人に聞く前に自分自身に聞いてみる
・誰かに反対されても本当にやりたいことなのであればやり抜く

普段からこういうことに気をつけて生活していれば、自分を信じられるようになりペットからの小さな声を信じられるようになります。

普段自分を信じることができないのにペットと話す時だけ信じると言うことはできません。

だからペットと話せるようになれば、何でもできると思えるようになったり、自分を信じられるようになってやりたいことができるようになったり、私生活がより充実する人が多いのです。

ペットと話せるようになりたければ、まず自分を信じられるように自分の小さな声を拾うようにしてみてください。なんとなく聞こえてきた自分の声をしっかり受け取るようにすることでペットともお話できるようになります。

ペットとお話することだけに集中するのではなく、普段の生活にもしっかり目を向けてみてください。自分のやりたいこともきっと見つかる筈ですよ。

ペットとお話できない人の特徴

先ほどもお伝えしたように自分を信じることができなければ、ペットとお話することはできません。そこでペットとお話できない人の特徴をいくつかご紹介します。

- すぐできないと言う（やる前からできないと決めつけている）
- 自分のことが好きじゃない（自分のいいところを見つけられない）
- 苦手なものが多い（新しいことに挑戦できない）
- 自信がない（他人に言いたいことを言えない）
- イライラすることが多い（自分や他人を許せない）

こう言うことが原因でペットとお話できない人はたくさんおられます。

まずは自分を好きにならなければ、何をするのにも自分が足を引っ張ります。

自分を好きじゃない人であればあるほど他の誰かに好きになってもらおうとします。自分自身を好きじゃないと言うそのココロの隙間を、他の誰かに埋めてもらおうと必死になるのです。ですが、そんなことをしていて上手く行く筈がありませんよね。


自分は自分自身にしか救うことができません。

誰かに助けを求めても誰もあなたを助けることができないのです。


純粋に自分が好きではないと思われる方はとにかくこれを実践してみてください。

仕事や人間関係にまで悪い影響を与えてしまいますので、一つでも当てはまるのであれば、次にお伝えすることを一生懸命やってください。

★自分を好きになる方法

まずは自分の良いところを書き出してください。
他人と比べるのではなく、自分の良いところを毎日見つけるようにしてください。

例えば

・人の話をよく聞く
・他人に優しい
・毎日仕事ができている
・最低限の家事ができている
・歯を磨けた
・お風呂に入れた
・歩ける
・今日も生きている

人は知らない間に目標がどんどん高くなっていきます。人ができて自分にできないことを見つけたり、常に誰かと比べたり。

自分がすでに手に入っていることには目を向けず、ないものねだりをした結果自分を好きになることができなくなってしまっています。

赤ちゃんの頃はハイハイや歩けただけで褒められ喜ばれましたが、今では誰も褒めてくれません。

しかし、いつでも自分だけは自分を褒めることができます。

誰にも褒められなくてもかまいません。その代わりに自分だけは自分を褒めないといけません。日々、自分自身を褒めていると人に褒められなくても平気になります。自分を褒めない人であればあるほど、他の誰かに褒めてもらいたがるのです。

実は人は他人に褒められるよりも自分に褒められるほうが、よっぽど嬉しく感じているのです。自分をけなしてばかりだと生きているのもつらくて当然なので、ぜひ自分を褒めて育ててあげてください。

人が生きていく基本として自分を褒めてあげることは必要です。本当は学校で教えるべきことだと私は本気で思います。

毎日自分の良いところを一つ見つけることや、寝る前に自分に

「今日は私よくやった、ご苦労様」

と、言ってあげられるくらい自分に優しくしてみてください。

それだけで世界が明るくなってココロが整ってペットともお話しやすくなりますよ。

小さな自分を大きくする方法（ココロのストレッチ）

悩んだり、自分を責めてしまったり、悲しんだり。

そう言う時は自分が小さくなってしまっています。


例えば、自分に問題が起こっているとします。そう言う時は、問題がすごく大きくなってしまっています。自分が小さくなっている時は、どんな小さな問題も大きく見えてしまうのです。人に会ったとき、すぐ緊張してしまう時もそうです。自分より相手の方が大きくなってしまっているので小さくなって怯えて緊張してしまっているのです。

自分を大きくできさえすればどんな問題も解決できます。

「あなたに私の辛さなんて分かる筈がない」「私の問題はそんな簡単なものじゃないの」

そう言われる方もおられると思います。

ただ、そう思われた方は必ず自分が小さくなっています。

そこで自分を大きくするイメージ法を今からお教えするので、これを毎日やってもらうことでいつの間にか解決できないと思っていた問題が思っていたよりも簡単だったことに気がつく筈です。騙されたと思って一度やってみてください。

・胸のあたりに小さくなっている自分（ボワッと光っているエネルギーのようなもの）をイメージしてください。
・徐々に小さくなった自分を広げていきます。自分の中の小さな光をカラダ全体に広げていきます。
・さらに光を大きくしていきます。カラダの中に溜まっているエネルギーがカラダから溢れ出します。
・溢れ出たエネルギーをさらに大きくしていきます。自分の部屋や家全体が自分のエネルギーで満たされます。
・エネルギーが家を越え、街全体から地球全体まで広がります。

・次に宇宙全体までが自分のエネルギーで満たされます。
・宇宙はいまだに広がっていて、自分のエネルギーもどんどん大きくなっていくイメージをすれば完成です。

何か問題が起こっても、自分が小さければその問題は解決することはありません。ですが、自分を大きくすればどれだけ大きな問題も必ず小さく見えてきます。今抱えている問題の本当の原因は実は小さくなっている自分にあります。

小さくしてしまったのは自分自身なので、大きくしようとすればできます。すぐ悩んだり、イライラしたり、緊張してしまう方はまずはこれを毎日してみてください。動物とお話できるかどうか不安がある方もまずは自分を広げてからお話するようにしてみてください。お話するだけでペットが元気になることだってあります。その大きくなったエネルギーをみんなに分けてあげてください。大きくしたエネルギーは無限にあるので。

エネルギーがある人のことを、器の大きい人、人間が大きいと言いますよね。

自分のココロをストレッチして、大きくするだけでどこまでも広がります。
器の大きな人だと言われるようになりたいものですね。

第７章

よくある質問　Q&A

この章では私がペットとお話する依頼を受けた方や、生徒さんたちからよく質問されることを質問形式でご紹介いたします。

初めてアニマルコミュニケーションに挑戦される皆さんも、ぜひ参考にしてみてください。

Q 動物と話せる方はもともと何かを感じる人じゃないと無理ですか？私でもお話できるようになりますか？

A 誰でも努力さえできれば話せますよ。

中学校や高校を卒業するために出席したり、宿題をしたり、先生の言われた通りできる人であれば誰でもできるようになります。

途中で諦めさえしなければできるので、1年くらいかけてコツコツ練習していくのがオススメです。

まず最初に、やるべきことはありますか？

まずは瞑想を10分できるように練習してください。
あとは、イライラしたり、怒ったり、普段の生活を見直すことが安定してお話できるようになる秘訣です。

どうしても先入観が入り込んでしまいます。どうしたらいいですか？

最初はどうしても頭で考えたことが答えとして出てしまって間違うということが多くなります。そういう時はもう少し、瞑想を長くして言葉が出てこないようにもっと何かをイメージすることに集中してください。人は１つのことにしか集中できないので、イメージに集中すれば頭からの言葉は出てこなくなります。

Q 「動物とお話できた！」と確信を持てる瞬間はありますか？

A 確信を持てる時はやはり答え合わせをした時に正解した瞬間です。

お話している最中にこれはお話できているなと思える瞬間は、勝手にお話が始まる時です。どこかから自分が考えてもいない情報が聞けた時は「お話できた！」と思っていただいて問題ないと思います。それでも確実にできたことを確認したければ、お友達などのペットちゃんとお話して答え合わせするのが一番ですけどね。

Q　動物とお話している時はどこから声が聞こえてくるのですか？　耳ですか？

A　私の生徒さんで、「耳から聞こうとすればするほど聞こえない」と言う経験をされた方が何名かおられました。耳元で囁くような声でと言うよりは、少し遠くの方で頭の中から聞こえてくるとか、ココロの中で聞こえてくるとかの表現が一番近いのではないかと思います。

Q　対面と遠隔の違いはありますか？　どちらもできるようになりますか？

A　どちらもあまり変わらないのですが、どちらも慣れが必要ですので、どちらをしたいかによって練習方法は変えるべきかと思います。

対面でお話したいなら対面の実践練習を。遠隔でお話したいなら、遠隔の実践練習を多めにしないと、いきなりやるとココロが乱れて集中しにくく失敗してしまうことがあります。

ペットとお話してみましたが、何も見えないし、聞こえない。喋れている気がしません。

一回でお話できたり、映像が見えたりする人は、ほとんどおられません。最初はこんなものだと思って、最低3ヶ月は続けてみてください。焦ると余計にできなくなってしまうので、ゆっくり楽しんであまり求めすぎずに練習してみてください。

まずはご自身の気持ちを落ち着けることをして見てください。練習をする前に「きっと大丈夫」終わったあとは「今日もよく頑張った」と言う訓練をすればできるようになる確率が上がります。

練習の時だけでなく、普段生活している時も人と比べたり、できないことに目を向けたりするのではなく、できたことに目を向けてみてください。ないもの探しをしているうちはお話できない方が非常に多いので、何が自分にあるのかを見つけてみてください。

ないもの

・人はできているのに自分はできない
・やって見たけど分からない
・私にはできる気がしない

あるもの

・できなかったけど、いつかはできる自信がある
・分からなかったけど、明日も練習する時間はある
・今はできる気がしないが、やればできるという気持ちはある

ここで引っかかってできていない人を良く見かけます。これはただのクセなので、直そうと思えば直ります。焦らずゆっくりできるようになってください。あなたにはその素質がある筈ですよ。

やりたいことに、せっかく出会えたのですから。

Q 瞑想をしてみましたが、真っ暗でイメージしても暗いままです。何かいい方法はありますか？

A 最初は私もそうでした。目を閉じているので真っ暗なのが当たり前なので、何となく、ボーッと見えるくらいを目指して続けてみてください。最初は目で見えるような鮮明な映像が見える訳ではありません。いずれ見られたらいい、くらいの気持ちでやってください。

Q 瞑想は毎日どのくらいすればいいですか？

A 最初は毎日1分続けてください。いきなりやり過ぎると3日坊主の仕組みが発動して、辞めたくなってしまうので最初であればあるほど短時間でゆっくり丁寧にするようにしてみてください。

Q　お話できている感覚がありません。何かコツはありますか？

A　自分のペットちゃんとお話しているだけではできたかどうかの確認ができません。ある程度自信がつけば、知り合いや友達にお願いして他のペットちゃんとお話させてもらって〝答え合わせ〟をしてください。答えがあっているかどうかでどのくらい自分ができているのかチェックしてみてください。

Q　亡くなった子ともお話できますか？

A　できますよ。アニマルコミュニケーションのご依頼をいただく3、4割が亡くなったペットちゃんです。2、3年を超えるとお話できる確率が下がるので（ペットが生まれ変わるまで）亡くなったペットちゃんとの会話は早いに越したことはありませんね。まれに5年、10年経ってもお話できる子がいるので一度話してみるといいかもしれません。ペットちゃんの特徴や、好きだった食べ物、飼い主さんとの思い出の場所などを聞いて正解かどうかで確かめてみるのもいいでしょうね。

第８章

話せるようになった生徒さんからのメッセージ

実際にペットとお話ができるようになった生徒さんからメッセージをいただきました！

それぞれのインスタグラムへのリンク（二次元コード）と、ともにご紹介させていただきます。

３ヶ月で動物とお話ができるようになりました！

（くめさん／60代女性）


都内在住、もうすぐ9歳になるウサギ（理子）と暮らしています。

最初に、あつし先生のインスタライブを見て、「えっ、ウサギ４羽飼ってらっしゃる！こんなに愉快な方って何をする方かしら？」私のあつし先生との出会いはここからスタートしました。

昔から心理学は大好きでしたが、アニコミ（アニマルコミュニケーションの略）って初めて耳にする言葉でした。

そこから興味津々であつし先生に理子ちゃんのアニコミをしていただきました。「こんなことができるってすごい！　わたしもやりたい！　わたしにもできる！」と変な自信も湧くようになっていました。

先生のインスタ以外のあらゆる投稿を、手当たり次第順番に拝見しました。もう多分この時には、決心して講座を受けたいと言うココロ構えができていました。

２０２０年5月31日に面接を受けて、わたしのテンションはＭＡＸでした。その場で講座に入る決断をして、「この先生は間違いない」とワクワクドキドキの感動でした。

講座の内容はＺＯＯＭで、わかりやすく（これも初めての経験）携帯で受けることができる手軽さです。

講座の内容は、動物との話し方の前に生きて行く中で日々の生活をより良くして行くためのノウハウがシンプルに組み立てられているのに奥が深くて、毎回終わるたびにココロが豊かに元気になるものとなっていました。

受講されている仲間の皆さんのお顔がどんどん元気になってキラキラ輝く姿を見て、これは魔法の言葉が詰まった講座だと感じました。

動物のお話することは，この学びが一番大切だと知ることができました。毎月一回だけの講座ではなくそれとは別に練習会もあり、皆さんとのコミュニケーションも取ることができ、皆さんと一緒に成長していけました。

本当に有難うございます。

3ヶ月で動物とお話ができ、飼い主さんとの掛け橋になり、お互いがハッピーになれたらと言うことが現実に叶いました。それだけではなく、お仕事としてデビューできたことに自分でもビックリしています。これからは、先生のようなアニマルカウンセラーを目標にして講師を目指して精進したい意気込みです。

ここまでの気持ちになれたのは、あつし先生や受講されている皆さんとの繋がりがあってこそ、前進できたとココロから感謝しています。

「あぁ、本当にあつし先生に出会えて良かった」と思った6ヵ月間の私の感激、感動、感謝です。

イキイキしてきたと周りから言われるようになりました！

（ゆかりさん／40代女性）

私は２０１９年９月に愛犬レオを11歳で亡くしました。その後、深い悲しみと喪失感、後悔と、懺悔の気持ちで毎日泣いて過ごしていました。

「亡くなったレオと話がしたい」と思い、インスタグラムで検索したことであつし先生を知り、先生にアニコミを依頼したのがきっかけで「動物と話す」「アニマルコミュニケーション」を知りました。

当時の私は、動物と話すことは、特殊な能力や、才能が無ければできないと思っていました。

あつし先生にアニコミをしていただいたことで、すっかりファンになっていた私は、先生のインスタライブを欠かさず見ていました。

「アニマルコミュニケーションは誰でもできる世界一簡単な語学」と聞き、私も動物と話がしたいという気持ちが日に日に高まっていきました。

オンライン講座の募集が始まり、最初は、悩みました。

主人や友達からは、うさん臭い世界に引きずり込まれているのではないかと、心配され「止めとけば?」と、言われていました。でも、動物と話せるようになったら、きっと私は幸せ。私の人生楽しいものに変わると思ったのです。

自分のやりたいことを、今までは「子供もいるし、時間もないし、お金もないし、何かに挑戦する年齢でもないし」と、諦めてきました。

しかし、今回は「動物と話せるようになれば、レオと話せる!」という思いの方が強く、受講を決めました。

講座はオンラインで、パソコンがない我が家でも大丈夫でした。スマートフォンだけで受講しました。セミナーと聞けば、こんな田舎から首都圏に行かなければ受けられないという印象がありましたが、スマホ一台で受講でき、手軽なうえ内容は毎回濃いもので驚きました。

講座では、動物と話す方法とそれ以上に自分のココロのコンディションがいかに大切かを知りました。最初自分で練習していて、これでいいのかな? 合っているのかな? と疑問ばかりでしたが、同じ目的を持った仲間と一緒に受講できたのでとてもココロ強かったです。

受講生の中で、でき始めたのが遅かった私に対して、仲間は励ましてくれたり、できたことには、みんな自分のことのように喜んでくれたりして仲間がいなければ今の私はありません。

それだけではなく、オンライン講座を受けたことで表情も明るくなりました。イキイキしてきたね。と周囲から言われるようになりました。それに加え、長い間悩んでいた原因不明な〝めまい〟の持病も治ってきて、本当にこの講座を受けて良かったと感じています。

人は、いつからでも変われる。挑戦し、成長できる。

アニマルコミュニケーションだけではなく、これから自分がどう生きるべきか。そういう奥深い所まで学べる講座でした。

先生をはじめ、一緒に学ぶ仲間には感謝の思いでいっぱいです。

本当に有難うございました。

動物とお話することを、お仕事にできました！

（みかさん／30代女性）


私が初めてアニマルコミュニケーションを身近で感じたのは、あつし先生でした。

それまでもアニマルコミュニケーションの存在は知っていましたが、私には縁のない世界だなと思っていました。


でも、実際にペットのうさぎ（とわ）と何度もお話していただくうちに、どんどんアニマルコミュニケーションの魅力にハマっていきました。

「私も、とわとお話がしたい」そんな思いが強くなった時に、あつし先生がオンライン講座を開かれると聞きました。

しかも、あつし先生の講座は心理学も取り組んでおり、長年私が抱えていたマイナス思考や自己否定的で情緒不安定なココロの勉強もできるというので、思い切って受講することにしました。

いざ講座がはじまり、最初は「やっぱり私には無理だ」と感じることもありましたが、あつし先生に教えてもらった宿題を毎日こなすうちに「私にもできる」と思えるようになりました。そして何より素敵な同期、先輩方と一緒にずっと学べたので楽しく勉強することができました。お互い励まし合ったり、練習会をしたり、私がマイナス思考に引き戻されそうになったらプラスに引き寄せてくれたり。

そして、私がお話に成功するとココロから喜んでくださり、こんな素敵な同期や先生と学ぶことができたおかげで、今はきちんと動物とお話できるようになり、お仕事としてデビューすることもできました。毎日のトレーニング、実践練習も苦にならず、動物とお話できる喜びを知ることができました。

6ヶ月間の講座を通して、アニマルコミュニケーターとしての一歩を踏み出すことができ、そして自分を認めてあげることができるようになりました。

本当に講座を受けて良かったと思っています。

有難うございました。

今飼っているハリネズミとも話せるようになりました

（さちこさん／50代女性）

あつし先生のアニコミの講義を受けようと思ったきっかけは、インスタグラムであつし先生のオンライン講座があることを知り、引き寄せられるように申し込みました。

そもそもアニコミを学ぼうと思ったのは、飼っていたペットのハリネズミがお空に行ってしまった悲しみの中アニコミを知り、最初は別の所で学ぶつもりでしたが自宅から遠く諦めていました。

そんな時、あるベテランのアニコミができる方にセッションしていただき、涙が止まらないほどに感動したのです。そして、もう一度学べないか考えていた時に、あつし先生のアニコミ講座に出会いました。

オンライン講座は、ＺＯＯＭで行われるので、他の生徒さんの顔も見ることができます。

私は、携帯で受講しています。

正直、私の場合はオンライン会議やオンライン飲み会はやり取りが難しく苦手なのですが、こうした講座には最適だと思います。お互いにアニコミができたことを喜び合い、切磋琢磨できるので同じ目的を持った【同志】ができます。

講座は、ただノウハウだけを学ぶのでなく、アニコミするにあたり必要なマインドも学べます。このマインドは、日常生活でもいろいろと活用できます。三日坊主だった私がオンライン講座の後に始めたダイエットやストレッチも毎日続けられて、自分を改めて見つめ直す機会にもなりました。

おかげさまで、体とココロも軽くなりました。

アニコミはやり方さえ分かれば誰でもできます。

ペットのライフサイクルは、人間より短いので、よりお互いに充実した生活を経験したい方にお勧めです。今飼っているハリネズミとも毎日会話して、さらに愛おしくなっています。

あつし先生や他の皆さんと貴重な経験と学びができたことに感謝しきれません。

有難うございました。

おわりに

ここまでお読みいただき有難うございました。

アニマルコミュニケーションは間違いなく私の人生を変えてくれました。

「私と同じように動物と話せるようになったことで人生をより豊かにする人が増えたらいいな」とココロから願っています。最後に私からアドバイスとメッセージをお届けしたいと思います。

動物と話せるようになるために一番大切なこと

「何が動物と話すのに大切ですか?」と聞かれれば私は必ずこう答えます。

〝自分を信じて疑わないこと〟

できない人のほとんどができない、聞こえない、わからない、などとないことばかりに囚われて、焦って自分を追い込み「自分にはできない」と、諦めてしまいます。
すぐにできるようになろうと思わず、必ず自分はできるのだと自分を信じて1年間くらいかけて習得するくらいの余裕を持ってやってください。

〝自分なら必ずできるようになる〟

こう思い込むことが成功への近道です。
「声が聞こえてきたけど、これって気のせいよね?」と思ってしまうと、気のせいになってしまいます。
逆に、できていると思えばできるようになるのです。どれだけ練習してもできない人はここができていないだけなのですね。

できずに悩んでいる人はこれをやってください。

・練習
・自分を信じる
・実践
・さらに自分を信じる

動物と話すようになるにはどれだけ情報を集めても結局はこれしかないのです。

私も以前は、「もっと動物と話せる方法があるのではないか」と、いろんな本やYouTubeなどのネットで探しまくりましたが、どこにもこれ以上の方法は書いていませんでした。

自分を信じないで、自分以外に正解を求めても何もないことに気付きました。

今悩まれている人は最終的に自分の中に答えがあるので、あなたにはあなたなりの方法がきっとあると信じて見つけてみてください。自分を信じて、自分がやりやすい方法を見つけてそれを磨いてください。

そこにあなたが追い求めている正解があります。

誰か他の人や物にヒントをもらうのは賛成です。

ヒントをもらって試してみて、自分に合った練習方法を見つけるのもいいでしょう。ただ何も考えず、言われたことだけをする。そんなことだけはしないでくださいね。

練習は量より質

毎日練習していてもできない人がいます。

そんな人の特徴は、〝不安を持ちながら練習を続けている〟です。毎日の積み重ねが非常に大切ですが、何を積み重ねるのか？ がもっと大切です。

「できない」「分からない」と、毎日不安の中で練習していると不安を積み重ねていることになるので、途中で練習が嫌になる筈です。やっていても面白くないのですよね。

何を考えて毎日練習するのかでそれは変わります。

「絶対できるようになるぞ」「今日も楽しかったな」そう言えるような勇気や希望、明るい未来を積み重ねるような練習にしてください。そういう練習をやればやるほど自分に自信が出てくるようになり、それが自分の軸になり、ぶれない自分が出来上がります。

そういう練習によってイライラしなくなったり、ココロが安定するようになったり、前向きになることで安定したアニマルコミュニケーションができるようになります。

これができるようになれば、動物とお話できるようになるだけはなく、仕事や家庭での人間関係や、日々の生活の質がガラッと変わります。今までの暗い世界がウソかのように、まるで自分の周りが全て光に変わったかのような輝いた日々を送ることができます。

動物と話せるようになる方が当たり前、幸せに暮らせる方が当たり前なのです。もし、今上手くいかない日々を過ごしているなら〝何が上手く行かない理由なのか?〟考え続けてください。それさえ解決できれば上手く行く方が当たり前なのだと言うことに気づける筈です。


〝上手くいく方が当たり前〟

これを忘れないでくださいね。

最高の仲間を持つこと

1人でやっていると必ず一度は挫けます。それほど一つの能力を身につけることは大変なことです。

でも一緒に勉強し続けられる仲間がいればアドバイスをくれたり背中を押してくれたり、時には一緒に泣いて慰さめ合ったり、励まし合ったりと、仲間がいるからこそ乗り越えられる壁があります。

アニマルコミュニケーションを家族が認めてくれない、友達が否定的など近くの人たちはあなたのことを分かってくれないかもしれません。だからと言って全国、全世界の人が全員分かってくれない訳ではありません。そんな思いをしている人はどこにでもいます。今はSNSを使えば世界中の誰とでも繋がれます。1人で悩まないで誰かに相談したり、発信したりしてください。

動物が話せることを信じて疑わない人は私も含め、世界にたくさんいます。私は1人でも多く「動物が話せるのは当たり前」と思ってもらえる人が増えることを信じてこの本を作りました。

この本を読んで「私も動物とお話したい」と言う人がいれば、ぜひ一度私にお声掛けください。

「本気で話せるようになりたい」「もう一度チャレンジしたい」という人のサポートをしたいと思っています。「少しでもペットのことを分かってあげたい」と思ってくれる人を増やしていきたいのです。


世間には、習ってもほとんどできないアニマルコミュニケーション講座をされている方もいます。そう言う人も悪気があってそうしている訳ではない筈なので批判はするつもりはありませんが、個人的には高いお金を払って講座に入ったけど、できなくて夢を諦めるような人が増えることを黙って見ている訳にはいきません。

私の生徒さんは9割の人が動物とお話できるようになっていて、約3人に1人がプロとしてデビューしています。

その実績をYouTubeやインスタライブで実際に生徒さんにお話してもらって包み隠さず出しています。

生徒さんの何割ができるようになっているのかも把握できていない講座に入るのは、正直怖いですよね。高校生が通う塾でも何人がこの大学に入れています。と看板やチラシに書いているのを見たことがあると思います。

私は毎月一回講座をしているだけではなく、月一回練習会を開いたり、先輩からのセミナーを開催して生徒さんの問題を解決したりとできる限りのことを精一杯やっているからこそ生徒さんが結果を出してくれているのだと思います。

また、毎日ペットと話したり依頼をいただいたり年間365日動物と話すことも欠かしていません。私が飼っている4羽のうさぎたちをアニマルコミュニケーションの先生とすら思っています（笑）

ここまでペットや動物、生徒さんのことを考えて日々生活している人はいないと思います。自分で言うから間違いないですね。せっかくならこの動物への想いやお話する方法を活かして、自分が応援したいと思える人を手助けしたり、お仕事の支援をしたりしたいと思っています。

初めは周りの人がお話できるお手伝いをしたいと思っていましたが、ほとんど全員お話できていくのを見て「これは全国や全世界の人に届けないといけない」と思うようになった訳です。実際にアメリカやイギリス、オーストラリア、ベトナムからや日本全国の生徒さんが私の講座を受けてくださっています。

本気でお話したい方が世界中から集まってるのです。

何の気持ちもないのに「お金払うから教えて下さい」と言う方はお断りさせていただいています。

少し偉そうに聞こえるかもしれませんが、どうせやるなら本気で来て欲しいのです。それくらい私は命をかけてこの仕事をしています。適当な気持ちで受けて欲しくないのです。

「本気でペットとお話がしたい」「他で習ったがどうしても諦められない」と言う人はいつでもご連絡ください。

気持ちのこもったメッセージお待ちしています。

動物とお話する事に興味がある方は、ＱＲコードよりＬＩＮＥのお友達追加をしていただくと、動物とお話するための【イメージの練習方法】の動画もプレゼントしています。
今後の最新情報も配信していくので、ぜひご登録ください。

@anicomi.a

一緒に動物と話すのが当たり前の世界を目指しましょう。
この本をきっかけにアニマルコミュニケーションに興味を持ち、動物とお話したいと思う人が増えれば、何よりの喜びです。

アニマルカウンセラー協会
代表 保井 敦史

作者への連絡先一覧

LINE 公式アカウント

@anicomi.a

HP

https://animal-counselor.com/

YouTube

【動物と話そう】教えて、あつし先生 !!

動物と話せるはじめてのアニマルコミュニケーション

愛するペットの気持ちがわかる

やさしい教科書

2021年 9月28日 初版第1刷発行
2021年10月16日 初版第2刷発行
著 者 保井 敦史
発行所 B&B出版
発行者 野口 隆史
発売所 株式会社 出版文化社
〈東京本部〉
〒104-0033 東京都中央区新川1-8-8
アクロス新川ビル4階
TEL：03-6822-9200 FAX：03-6822-9202
E-mail:book@shuppanbunka.com
〈大阪本部〉
〒541-0056 大阪府大阪市中央区久太郎町3-4-30
船場グランドビル8階
TEL：06-4704-4700 FAX：06-4704-4707
〈名古屋支社〉
〒456-0016 愛知県名古屋市熱田区五本松町7-30
熱田メディアウイング3階
TEL：052-990-9090 FAX：052-683-8880
印刷・製本 中央精版印刷株式会社
表紙写真 sharomka / PIXTA(ピクスタ)

ISBN978-4-88338-687-1 C0011